Fatouma Mohamed Abdoul-Latif
Ayoub Ainane
Tarik Ainane

Os mistérios do Khat: alucinações ou terapia?

Fatouma Mohamed Abdoul-Latif
Ayoub Ainane
Tarik Ainane

Os mistérios do Khat: alucinações ou terapia?

ScienciaScripts

Cover image: www.ingimage.com

This book is a translation from the original published under ISBN 978-620-6-72143-7.

Publisher:
Sciencia Scripts
is a trademark of
Dodo Books Indian Ocean Ltd. and OmniScriptum S.R.L publishing group

120 High Road, East Finchley, London, N2 9ED, United Kingdom
Str. Armeneasca 28/1, office 1, Chisinau MD-2012, Republic of Moldova, Europe
Printed at: see last page
ISBN: 978-620-8-08356-4

"Os mistérios do Khat: alucinações ou terapia?

Autores :

Dr Fatouma Mohamed Abdoul-Latif

Dr. Ayoub Ainane

Dr. Tarik Ainane

Conteúdo :

Resumo do livro:

O khat (*Catha edulis* Forsk) é uma planta originária da Península Arábica e da África Oriental, com raízes profundas nas tradições sociais e culturais destas regiões. Mastigá-la é uma prática comum no Djibuti e no Iémen, vista como uma forma de preservar as tradições alimentares e de se adaptar aos ambientes locais. Os efeitos psicoactivos do khat devem-se principalmente à catinona, um composto semelhante às anfetaminas, bem como a outras feniletilaminas.

Os principais efeitos do khat são eufóricos e estimulantes, aumentando as capacidades físicas e mentais dos utilizadores. No entanto, estes efeitos são acompanhados de efeitos secundários negativos, incluindo riscos para a saúde, como palpitações, taquicardia, vómitos e dores de cabeça. Os alegados benefícios do khat incluem a redução dos níveis de açúcar no sangue, o alívio da asma e de perturbações gastrointestinais.

A legislação sobre o khat varia consideravelmente em todo o mundo. Em França, está incluído na lista de estupefacientes desde 1957. No Iémen, tem um impacto significativo na vida social e económica. Na Europa, nomeadamente no Reino Unido, as importações de khat são influenciadas por migrantes provenientes de regiões onde é habitualmente consumido. As drogas sintéticas derivadas do khat, como a mefedrona, estão a ganhar popularidade devido ao seu baixo custo e à diminuição da qualidade de outras drogas.

A investigação explorou a utilização dos alcalóides do khat em tratamentos farmacêuticos. No entanto, muitos destes tratamentos tornaram-se obsoletos, com exceção de uma ajuda para deixar de fumar. As propriedades citotóxicas recentemente descobertas do khat estão a gerar interesse no seu potencial como agente de quimioterapia.

Apesar dos potenciais benefícios, este livro destaca uma série de pontos, incluindo os efeitos do khat, a variabilidade dos efeitos relatados e as limitações metodológicas de certos estudos. Além disso, a disparidade da legalidade e da regulamentação do khat nos diferentes países dificulta a implementação de políticas de saúde pública coerentes e eficazes.

Em conclusão, o khat é uma planta multifacetada, enraizada na tradição mas que coloca desafios modernos em termos de saúde pública e de regulamentação. O seu potencial terapêutico continua a ser explorado, apesar dos muitos obstáculos e efeitos secundários associados ao seu consumo.

Introdução

A Catha edulis Forsk, vulgarmente conhecida como khat, é uma planta nativa da Península Arábica e de partes da África Oriental, pertencente à família Celastraceae. O seu cultivo está profundamente enraizado nas tradições antigas destas regiões, onde mastigar khat é visto como uma forma de preservar as tradições alimentares, adaptando-se ao ambiente local.

Em Sana'a, a capital do Iémen, os mercados movimentados oferecem pequenos feixes de ramos nus, embrulhados em pano ou plástico para preservar a frescura das folhas ovais de khat. Embora a origem exacta da planta seja debatida, a sua presença na cultura iemenita é inegável há séculos. De acordo com um funcionário local, "não há nenhum evento no Iémen sem khat". Esta tradição não é isolada, pois o khat também desempenha um papel importante no Djibuti, onde é importado principalmente da Etiópia e consumido regularmente por uma grande parte da população. Em Jibuti, a prática de mascar khat está profundamente enraizada nas tradições locais e apresenta desafios específicos em termos de saúde pública e de gestão económica.

O khat é conhecido pelos seus efeitos psicoactivos, principalmente devido à catinona, um composto estruturalmente semelhante às anfetaminas. Para além da catinona, as folhas de khat contêm outros compostos feniletilamínicos, como a catina e a beta-catinona, bem como taninos, vitaminas, minerais e flavonóides em proporções significativas. Estas substâncias conferem à khat efeitos simpaticomiméticos e eufóricos, estimulando as capacidades físicas e mentais dos consumidores. No entanto, o khat tem efeitos positivos e negativos. Os seus defensores apontam benefícios como a redução dos níveis de açúcar no sangue, a sua utilização como remédio para a asma e a sua eficácia no alívio de distúrbios gastrointestinais. Por outro lado, surgem desvantagens: o consumo de khat pode implicar riscos para a saúde, afetar vários aspectos da vida e ter repercussões médicas e socioeconómicas.

No domínio científico, embora as investigações sobre as propriedades do khat sejam limitadas, alguns investigadores estão a explorar as suas potenciais aplicações terapêuticas para várias doenças. No entanto, há alertas sobre os seus efeitos nocivos para o sistema cardiovascular, o sistema nervoso central e a saúde mental.

Não foram ainda estabelecidas provas definitivas de um mecanismo específico de toxicidade associado ao khat. Os estudos centram-se principalmente na toxicidade associada à catina e a outros compostos fitofarmacêuticos. É também de salientar que o khat tem propriedades antioxidantes que, embora tradicionalmente benéficas, podem apresentar riscos em concentrações elevadas. Para compreender plenamente as questões que envolvem o khat, é essencial explorar as suas raízes culturais e históricas, bem como os seus hábitos de consumo. É necessário examinar a forma como o khat é cultivado e colhido e determinar os seus aspectos químicos, farmacológicos e farmacocinéticos. O impacto do consumo de khat na sociedade e na economia é também crucial. Como substância ativa, o khat coloca grandes desafios em termos de saúde pública e de regulamentação legal, aspectos que iremos explorar em profundidade.

PARTE I

INFORMAÇÕES GERAIS SOBRE O KHAT

1. História do Khat

As origens exactas do khat não são claras. [ème] No entanto, é geralmente aceite que o seu consumo se generalizou na Etiópia já no século XV. A prática espalhou-se depois para o sudoeste da Península Arábica. [ème]Manuscritos árabes antigos indicam que o khat já estava presente no Iémen na altura da invasão etíope, no século XVI.

[ème]O khat foi provavelmente introduzido no Iémen a partir do Turquistão no final do século X d.C.. De acordo com algumas fontes, foi trazido da Etiópia por volta de 1345 d.C. Na altura, era utilizado para tratar doenças biliares e para acalmar o estômago e o fígado. Um compêndio médico árabe, o *Kitab al-Saidana fi al-Tibb* de Al-Biruni, menciona já as folhas de khat como remédio para a depressão, e a planta tinha também a reputação de possuir propriedades afrodisíacas.

[ème]O primeiro relato ocidental sobre o khat remonta ao século XVIII, quando o botânico finlandês Pehr Forskal o identificou em 1765 e lhe deu o nome de *Catha edulis*. Infelizmente, Forskal não viveu o tempo suficiente para publicar a sua investigação. O seu trabalho foi publicado em 1775 por Carsten Niebuhr, o único sobrevivente da primeira expedição científica europeia à Arábia. Nas suas observações, Niebuhr nota que "os árabes não usam ópio como os turcos e os persas; em vez disso, mastigam khat. Estes são os botões de uma certa planta, transportados em pequenas caixas das colinas do Iémen".

Em homenagem a Pehr Forskal, Carsten Niebuhr chamou ao khat *Catha edulis* (Vahl) Forssk. ex Endl. [ème]No entanto, outros nomes foram atribuídos à planta por vários viajantes do século XIX que atravessaram a Arábia e a África Oriental.

2. Hábitos e consumo de Khat

O khat é utilizado ritualmente no Iémen, na Etiópia, no Djibuti, na Somália e no Quénia, principalmente pelos seus efeitos estimulantes. Consome-se mastigando as folhas jovens e frescas, bem como os rebentos tenros nas extremidades da planta. É consumida de uma forma particular: o consumidor acrescenta regularmente novas folhas à mastigação atual. Esta é guardada na bochecha e mastigada lentamente para extrair todos os sucos. Os resíduos são depois cuspidos ou engolidos.

Devido ao amargor do khat, a mastigação é frequentemente acompanhada de bebidas como água fresca, chá, café ou Coca-Cola. Durante as sessões de consumo, que podem durar até quatro horas, é comum os consumidores fumarem cigarros ou utilizarem um cachimbo de água. Cada sessão pode implicar o consumo de 100 a 200 gramas de folhas frescas, o que equivale a uma dose oral de 5 mg de anfetaminas.

Foto 1a: Sessão de Khat

Há muito que o khat é utilizado de forma semelhante à coca nos Andes da América do Sul. Nas zonas rurais, é tradicionalmente mastigado para aliviar o cansaço associado ao trabalho agrícola. Também desempenha um papel importante nas celebrações religiosas e nas reuniões familiares, como os casamentos e as circuncisões. Os condutores, comerciantes e estudantes utilizam-na pelos seus efeitos energizantes para os ajudar a manterem-se acordados. O khat também favorece a interação social, graças à euforia que produz e ao tempo passado a mastigar.

A qualidade das folhas de khat também influencia a forma como são consumidas. As folhas grandes, que são demasiado duras para mastigar, são frequentemente secas e utilizadas para fazer infusões conhecidas como chá da Abissínia ou chá da Somália, consoante a região. As folhas secas também podem ser fumadas como o tabaco. Outra preparação consiste em misturar as folhas secas com água, mel e especiarias para criar uma pasta que é mastigada e engolida de forma semelhante ao consumo tradicional.

Noutros contextos, a madeira de khat é utilizada na África Austral para mobiliário e construção, devido à sua dureza e resistência às térmitas. Também pode ser transformada em pasta de papel, o que a torna num excelente papel mata-borrão. A madeira também é utilizada para fazer cabos para ferramentas agrícolas e utensílios de cozinha, como panelas e colheres.

Foto 1b: Sessão de Khat

3. Área de distribuição de khat

A Catha edulis, vulgarmente conhecida por khat, é uma planta cuja área de distribuição natural abrange principalmente o Corno de África, o Sudeste de África e o Sul da Península Arábica. Mais especificamente, encontra-se nas seguintes regiões:

- ✓ **Em África:** Jibuti, Etiópia, Somália, Quénia, Tanzânia, Uganda, Malawi, Moçambique, Zâmbia, Zimbabué, Congo e África do Sul.
- ✓ **Na Península Arábica:** Iémen.

O khat é amplamente cultivado nestas zonas, bem como em Madagáscar. Ao contrário de outras drogas, o khat não se espalhou significativamente pelo mundo, uma vez que apenas o consumo das folhas frescas, que contêm o ingrediente ativo, é eficaz. Isto significa que os consumidores precisam de estar localizados perto do local onde a planta é cultivada para terem acesso a ela.

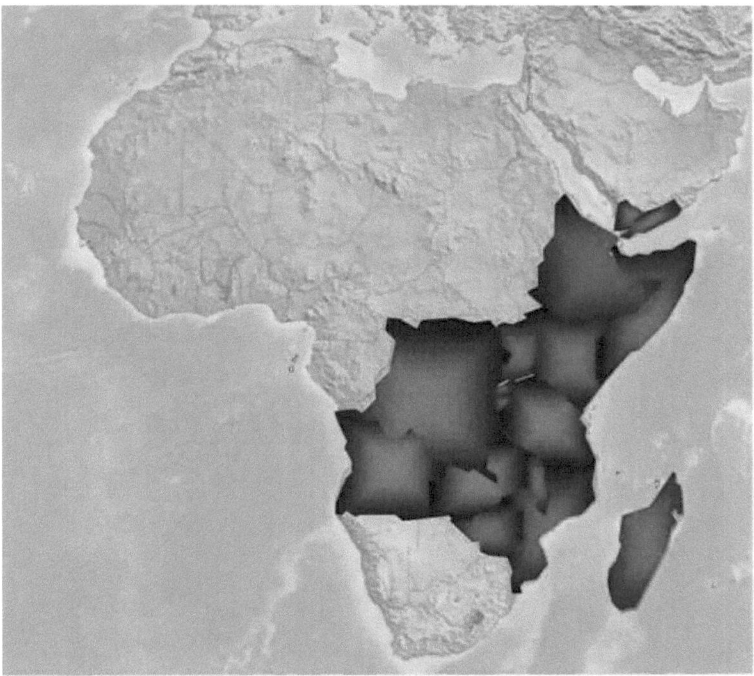

Figura 1: Área de distribuição do khat (consumo e cultivo)

PARTE II

A PLANTA KHAT

A planta do khat

Foto 2: Planta de Khat (*Catha edulis* (Vahl) Forssk. ex Endl)

1. Classificação do Khat

A planta *Catha edulis* (Vahl) Forssk. ex Endl é classificada do seguinte modo

- ✓ **Reino :** Plantae
- ✓ **Divisão:** Magnoliophyta
- ✓ **Classe:** Magnoliopsida
- ✓ **Ordem:** Celastrales
- ✓ **Família:** Celastraceae
- ✓ **Género:** *Catha*
- ✓ **Espécie :** *edulis*

Classificação APG *(Angiosperm Phylogeny Group):*

- ✓ **Clado:** Angiospérmicas
- ✓ **Clado :** Dicotiledóneas
- ✓ **Clado :** Rosidae
- ✓ **Clado :** Fabidae

- ✓ **Ordem :** Celastral
- ✓ **Família:** Celastracae

2. Apresentação da família Celastraceae

A família Celastraceae encontra-se principalmente nas regiões tropicais e subtropicais.

Sistema vegetativo do khat :

Esta família inclui uma variedade de árvores e arbustos, que podem ser de folha caduca ou de folha perene. Incluem-se espécies trepadeiras como a *Salacia* e espécies volúveis como a *Hippocratea*. Algumas espécies têm cipós lenhosos e, no género *Celastrus,* observam-se por vezes raízes aéreas. Existem também espécies espinhosas, como as do género *Maytenus*, e algumas árvores têm contrafortes. O sistema radicular das Celastracae pode atingir profundidades de até 5 metros.

As folhas das Celastracaceae são geralmente opostas ou pseudo-opostas (com exceção do género *Cassine*, onde são alternas). São pecioladas, exestipuladas ou com estípulas reduzidas e caducas. A lâmina foliar é simples e frequentemente coriácea. A venação é pinada e reticulada, com margens que podem ser inteiras, crenadas, serrilhadas ou dentadas.

2.1 Reprodução do Khat

As inflorescências do khat podem ser axilares ou terminais e são muito variadas: cimas, racemos, tirsos, fascículos ou, por vezes, panículas ou flores solitárias. As flores são actinomorfas e podem ser bi ou unissexuais.

São geralmente pequenas e esverdeadas. As flores têm 3 a 5 sépalas imbricadas, que podem estar livres ou fundidas na base. As 3 a 5 pétalas são geralmente livres e inseridas sobre ou sob um disco nectarífero carnudo e glandular, embora este disco esteja quase ausente em *Microtropis*.

Os estames, em número de 3 a 5, estão inseridos no disco nectarífero e são livres e alternipetais. As anteras são biloculares ou por vezes uniloculares, basifixas ou dorsifixas, com uma deiscência longitudinal ou transversal em *Hippocratea*, e podem ser introrsas, extrorsas ou latrorsas.

O ovário é superecto ou semi-inferior e é constituído por 2 a 5 carpelos fundidos em 2 a 5 compartimentos, por vezes incompletos. Cada compartimento contém 2 óvulos erectos ou pendentes sobre placentas axilares. O estilo é único, terminal e muito curto, por vezes ausente, com um estigma capitado ou lobado (2 a 5 lóbulos), correspondente ao número de carpelos do gineceu.

O fruto pode ser uma cápsula esquizocárpica com deiscência loculicida, libertando 2 a 5 mericarpos indeiscentes, ou mais raramente uma samarra, uma baga, uma drupa ou, excecionalmente, uma cápsula indeiscente ou uma noz com um estilo lateral. Algumas cápsulas *de Euonymus* podem apresentar excrescências espinhosas. O pericarpo pode ser coriáceo ou carnudo, liso, angular ou com asas espinhosas. As sementes, em número de 2 a 12, podem ser lisas ou rugosas, albuminosas ou exalbuminosas, com um embrião grande e reto. Apresentam frequentemente um arilo basal colorido, que facilita a sua dispersão pelas aves. Os cotilédones são achatados e cónicos. A germinação é epígea.

3. O género *Catha*

Sinónimos: *Celastrus edulis* Vahl (1790), *Catha inermis* J. F. Gmel (1791)

Nomes comuns: Khat, kat, qat, chá árabe, chá abissínio, chá bushman, katyna, mlonge, miraa, murungu.

O género *Catha* compreende uma única espécie, *Catha edulis*, que é altamente polimórfica. Não existem taxa subespecíficos reconhecidos dentro desta espécie, embora sejam cultivadas várias formas. Na Etiópia, por exemplo, os agricultores distinguem entre três cultivares:

- ✓ "Dallota" ou "Ahde", com pequenas folhas verdes pálidas, quase brancas;
- ✓ "Dimma", com folhas vermelhas de tamanho médio;
- ✓ "Mohedella" ou "Hamarcot", com folhas verde-azeitona.

Cada uma destas três cultivares tem quatro qualidades diferentes: urata, qudaa, qarxii e faquaa, esta última também conhecida por hiraa ou tacharoo. Estas qualidades distinguem-se pela forma como as folhas são acondicionadas.

Foto 3: Diferentes qualidades de khat vendido na Etiópia

No Iémen, as cultivares de khat recebem por vezes nomes de localidades, como "Sabr", "Reimi", "Taizi" e "Mathani". Os nomes das cultivares iemenitas reflectem também, por vezes, a cor do khat cultivado. As cultivares locais são definidas de acordo com a sua origem geográfica, métodos de cultivo e caraterísticas morfológicas, como a cor das folhas, o tamanho do tronco e a força do efeito. Mais especificamente, quatro cultivares predominantes são facilmente reconhecidas pelos agricultores no Iémen. A cultivar "Abyadh", identificável pela sua cor verde pálida, é a mais difundida.

As outras três cultivares são a "Azraq", de cor púrpura, a "Aswad", de cor púrpura, e a "Ahmar", intermédia entre as duas últimas em termos de cor.

Foto 4: As quatro cultivares presentes no Iémen

4. Caraterísticas botânicas e cultivo do khat

4.1 Descrição botânica do khat

O khat é uma árvore perene, sem pêlos, que pode atingir alturas de até 25 metros no seu habitat natural. No entanto, quando cultivado, assume geralmente a forma de um arbusto com vários caules, com uma altura máxima de 6 metros. O tronco é reto e esguio, com uma casca que varia consoante o meio de crescimento: lisa e verde-acinzentada clara em cultura, é rugosa nas árvores mais altas em estado selvagem.

Os ramos cilíndricos são de cor acinzentada a acastanhada, enquanto os rebentos jovens são muitas vezes achatados e variam de cor entre o verde baço e o vermelho acastanhado.

As folhas do khat estão dispostas alternadamente nos ramos ortotrópicos e opostas nos ramos plagiotrópicos. As estípulas, de forma triangular e medindo cerca de 3 cm por 1 mm, são de cor verde-clara e caducas, deixando uma cicatriz em forma de pérola quando caem. Os pecíolos são cilíndricos, com 3 a 11 mm de comprimento, de cor variável entre o verde claro e o verde escuro.

A lâmina foliar é geralmente oblonga, elíptica ou obovada, variando em tamanho de 5,5 x 1,5 cm a 11 x 6 cm. A base da folha é em forma de cunha ou atenuada, enquanto o ápice pode ser agudo, acuminado ou mesmo obtuso. As margens das folhas são glandulares, creneladas ou dentadas e brilhantes. As folhas maduras são coriáceas com nervuras reticuladas.

Foto 5: Rebentos jovens de khat (*Catha edulis*)

Foto 6: Folhas de khat (*Catha edulis*)

As inflorescências do khat são cimas axilares, muitas vezes dichasiais, e podem ter até 3,5 cm de comprimento. Apresentam numerosas flores, e o pedúnculo pode ter até 12 mm de comprimento. As brácteas, geralmente triangulares, são persistentes.

As flores são bissexuais, regulares e pentâmeras, com um diâmetro que varia de 2 a 4 mm. O pedicelo tem 1 a 2,5 mm de comprimento. As sépalas, ligadas na base, são largamente ovais ou suborbiculares com margens fimbriadas.

As pétalas são livres e elíptico-oblongas, com margens finamente serrilhadas ou fimbriadas, de cor variável entre o branco e o amarelo-pálido. Os estames são igualmente livres, alternando com as pétalas e ligeiramente mais curtos do que estas. O disco intrastaminal é carnudo e ligeiramente 5-lobado.

O ovário, superior e largamente ovoide, é trilocular e tem três estilos curtos com pequenos estigmas.

Foto 7: Inflorescências de khat (*Catha edulis*)

O fruto do khat é uma cápsula trigonal, caída e estreitamente oblonga, com 6 a 12 mm de comprimento. A sua cor varia do vermelho ao castanho. O fruto tem uma deiscência loculicida, três válvulas e contém uma a três sementes.

Figura 2: Placas botânicas do khat (*Catha edulis*)

(Legenda: 1: ramo ortotrópico estéril; 2, A: ramo plagiotrópico em flcração; 3, B: flor ;
C: flor em forma de taça; D: fruto em forma de taça; 4, F: fruto deiscente; 5, G: semente ;
E: Ramo com sementes)

Foto 8: Ramos de khat com frutos

4.2 A ecologia do khat

O khat é cultivado principalmente no Iémen, na Etiópia e no Quénia, onde as condições climáticas e ambientais são particularmente favoráveis ao seu desenvolvimento. O seu habitat natural situa-se entre as latitudes 18°N e 30°S. A planta desenvolve-se em planaltos a altitudes entre 1.500 e 2.000 metros, onde as temperaturas médias diárias variam entre 16 e 22°C. Estas condições são ideais para o cultivo do khat.

O khat requer entre 800 e 1.000 mm de precipitação por ano, distribuídos por um período de 4 a 6 meses. Em comparação, os girassóis necessitam de cerca de 420 mm de água por ano. As geadas e a humidade excessiva são factores limitantes para o cultivo do khat. O khat prefere solos moderadamente ácidos a ligeiramente alcalinos. No entanto, pode adaptar-se a diferentes tipos de solo, desde os arenosos aos argilosos, desde que sejam suficientemente profundos e bem drenados. Um elevado nível de matéria orgânica nas camadas superiores do solo é também essencial para um crescimento ótimo das plantas.

Foto 9: Foto do khat (*Catha edulis*) mostrando a oposição dos ramos

Foto 10: Cultivo de khat (*Catha edulis*) em socalcos

4.3 Plantação de khat

O khat propaga-se principalmente por estacas. As estacas, que medem entre 30 e 50 cm, são retiradas de ramos ortotrópicos ou de rebentos próximos do solo. Enraízam facilmente, quer diretamente no campo, quer em viveiros durante a estação das chuvas. As plantas jovens são geralmente dispostas em filas, quer em declives suaves quer em terrenos planos, daí a utilização frequente de terraços para o cultivo. Se a precipitação for insuficiente, é necessário um sistema de irrigação para garantir um crescimento ótimo. O cultivo misto também é comum: algumas parcelas de khat são alternadas com fileiras de café (*Coffea arabica* L.), optimizando a utilização dos recursos e diversificando as culturas.

Foto 11: Cultivo misto de khat e cafezais

4.4 Gestão das culturas de khat

O khat cresce geralmente sem grandes intervenções durante os primeiros 3 a 4 anos, atingindo uma altura de cerca de um metro. Os rendimentos normais são atingidos entre 5 e 8 anos após a plantação. A altura das plantas é regulada por podas regulares, geralmente entre 2,5 e 5 metros. Com os devidos cuidados, as plantações podem manter-se produtivas até 75 anos. Em tempos de seca, a irrigação pode ser introduzida para permitir a colheita fora de época, o que pode ser economicamente vantajoso devido aos preços de mercado mais elevados. No que diz respeito às doenças, o khat é relativamente resistente, com doenças pouco frequentes e ligeiras.

4.5 Colheita do khat

O khat é colhido apenas de manhã cedo, para preservar a frescura das folhas. Esta operação é efectuada 2 ou 3 vezes por semana durante a época de colheita.
Os rebentos jovens são cortados com cerca de 40 cm de comprimento e agrupados em cachos de tamanho adequado para uma sessão de mastigação de duas horas,

representando cerca de 500 g por cacho. As folhas colhidas representam cerca de 150 g por molho.

O rendimento das culturas destinadas aos mercados iemenitas pode atingir 2 toneladas por hectare e por ano.

4.6 Tratamento pós-colheita do khat

Após a colheita, os cachos de khat são primeiro pulverizados com água para os manter frescos. Em seguida, são embrulhados em folhas de bananeira e embalados em sacos de plástico para serem transportados para os mercados. Este método de transformação preserva a frescura dos rebentos jovens, o que é essencial porque o khat é um produto rapidamente perecível. Após 24 horas, os molhos perdem o seu efeito estimulante, o que pode reduzir o seu valor no mercado.

A qualidade do khat pode variar consideravelmente, e tanto os comerciantes como os consumidores avaliam-no de acordo com uma série de critérios: a origem da planta, a época da colheita e a cor e tenrura das folhas. A cor é particularmente importante para avaliar a qualidade do produto. Em geral, as folhas esbranquiçadas são consideradas de qualidade superior. No entanto, uma tonalidade avermelhada das folhas é frequentemente associada a um efeito estimulante mais potente.

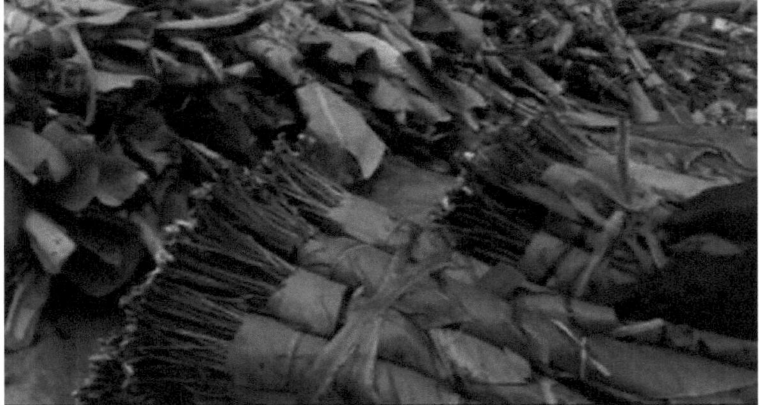

Foto 12: Feixes de khat embrulhados numa folha de bananeira

PARTE III

A BIOQUÍMICA DO KHAT

1. Composição do Khat

As folhas frescas de khat contêm uma diversidade significativa de compostos químicos, incluindo elementos típicos das plantas. Existem mais de quarenta alcalóides, glicosídeos, aminoácidos, vitaminas e minerais. As folhas são compostas por 90% de água, 1,6% de taninos (polifenóis), 5-6% de proteínas, 2-3% de fibras, 0,3% de cálcio, 0,2% de vitamina C, bem como terpenos, flavonóides e esteróis. Entre estes compostos, dois alcalóides são particularmente notáveis. O principal ingrediente ativo do khat é a S-catinona, também conhecida como (-)-2-aminopropiofenona ou S-(-)-2-amino-1-fenil-1-propanona, um derivado β-ceto da anfetamina.

São utilizados vários métodos para separar e analisar os alcalóides presentes no khat. A cromatografia em camada fina, seguida de cromatografia gasosa acoplada à espetrometria de massa, é particularmente eficaz. No entanto, foi também registada a utilização da cromatografia líquida de alta eficiência (HPLC).

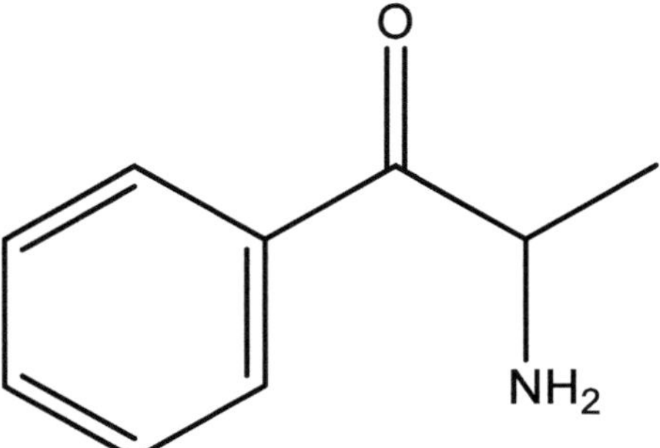

Figura 3: Estrutura molecular da catinona

A catinona é uma substância muito instável. De facto, entre 24 e 36 horas após a colheita, transforma-se num dímero, cuja atividade é muito inferior à da catinona original. É por isso que o khat é consumido fresco, para preservar os seus efeitos estimulantes.

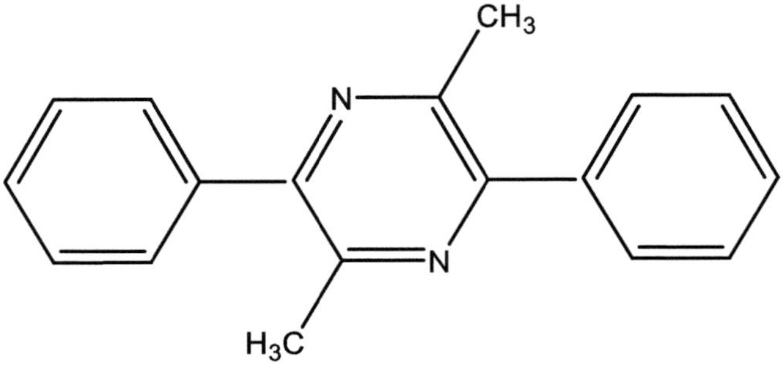

Figura 4: Estrutura molecular do dímero de catinona

O segundo alcaloide que contribui para os efeitos desejados do khat é a catina, também conhecida como 1S, 2S-norpseudoefedrina. Esta substância psicoactiva provém do metabolismo da catinona na planta. A catinona é metabolizada em catina e norefedrina. Embora a catina desempenhe um papel nos efeitos do khat, é dez vezes menos ativa do que a catinona.

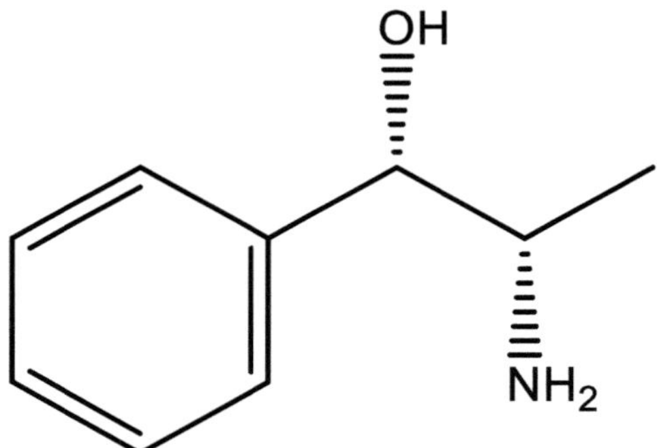

Figura 5: Estrutura molecular da catina

A planta do khat também contém pequenas quantidades de outras substâncias. Estas incluem a 1R, 2S-norefedrina, bem como um grande número de catedulinas, sesquiterpenos poli-hidroxilados e várias fenilalquilaminas, tais como a fenilpentenilamina, a merucatinona, a pseudomerucatinona e a merucatinina, que não têm impacto significativo na atividade estimulante da planta. Os triterpenos quinona estão igualmente presentes nas raízes, conferindo-lhes uma cor vermelho-alaranjada.

O teor de catinona das folhas frescas de khat é de cerca de 0,1%. As quantidades de catina são inferiores nas plantas frescas, uma vez que a catinona é convertida em catina durante o amadurecimento. As folhas de khat contêm cerca de quatro vezes mais catina do que norefedrina. A concentração de catinona, catina e norefedrina varia consideravelmente consoante as espécies de khat. Para 100g de folhas frescas, a quantidade de catinona pode variar entre 36 e 383mg, a de catina entre 83 e 120mg e a de norefedrina entre 8 e 47mg. Estas grandes variações podem também ser influenciadas pelo grau de frescura das amostras.

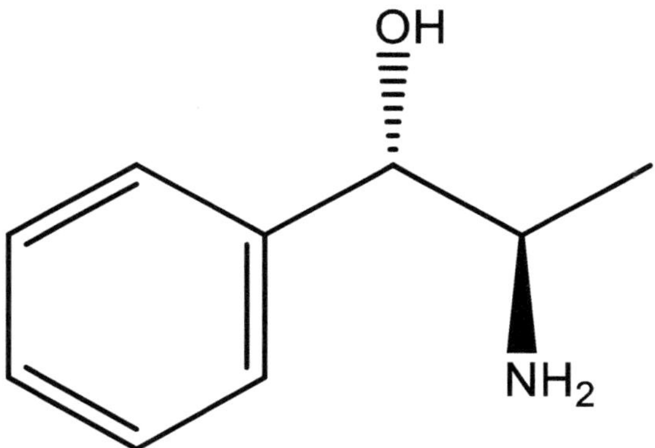

Figura 6: Estrutura molecular da norefedrina

A norefedrina é o terceiro alcaloide principal do khat. Tal como a catina, resulta da decomposição da catinona. É, de facto, um diastereómero da catina. A norefedrina contribui para alguns dos efeitos do khat, incluindo efeitos secundários como dores de cabeça.

2. Atividade farmacológica do Khat

Os alcalóides presentes no khat, a catinona e a catina, são estimulantes do sistema nervoso central com efeitos semelhantes aos das anfetaminas.
A catinona e a catina actuam principalmente nas vias dopaminérgicas e noradrenérgicas. Tal como a anfetamina, a catinona estimula a secreção de serotonina no sistema nervoso central e aumenta também a libertação de dopamina, reforçando assim a atividade dopaminérgica. Além disso, a catinona influencia os locais de armazenamento de noradrenalina, facilitando a transmissão noradrenérgica. A catinona e a catina parecem também inibir a recaptação da noradrenalina.

Apesar destes efeitos estimulantes, a potência da catinona e da catina é significativamente inferior à das anfetaminas. A catinona é cerca de metade da potência da anfetamina, enquanto a catina é sete a dez vezes menos potente. Consequentemente, a quantidade de khat necessária para obter um efeito estimulante ligeiro é consideravelmente maior, tornando o khat menos perigoso do que as drogas psicoactivas puras.

O consumo de khat está geralmente associado a um baixo grau de dependência. Os efeitos desejados dos alcalóides do khat incluem uma sensação de euforia, euforia, lucidez e aumento da excitação. Contudo, estes efeitos estimulantes podem ser seguidos de depressão, irritabilidade, anorexia e perturbações do sono. Foram observadas reacções psicóticas em utilizadores frequentes de doses elevadas. Sintomas como a hipertermia e a analgesia sugerem a ativação das vias monoaminérgicas e dos mecanismos opióides, enquanto a hipertermia pode também resultar da estimulação da glândula tiroide.

O papel dos outros componentes do khat é menos conhecido. No entanto, foi sugerido que os taninos adstringentes podem ser responsáveis por gastrite, estomatite, esofagite e periodontite. Por outro lado, o elevado teor de vitamina C das folhas frescas pode conferir-lhes um certo valor nutritivo.

3. Farmacocinética do Khat

Os efeitos estimulantes do khat aparecem aproximadamente uma hora após o início da mastigação. As concentrações plasmáticas de alcalóides atingem o seu pico cerca de 1,5 a 3,5 horas após o início da mastigação. Depois de mastigar 60 g de planta fresca durante uma hora, a concentração plasmática média de catinona pode atingir 100 ng/ml. A catinona é quase completamente eliminada do sangue oito horas após a mastigação, devido a um efeito hepático de primeira passagem que leva à formação de norefedrina, excretada principalmente através da urina. Apenas 2-7% da catinona são excretados inalterados. A catina é sobretudo excretada inalterada.

Foi recentemente descrito um modelo farmacocinético de dois compartimentos. Este modelo compreende duas fases de absorção: a primeira com uma duração de 0,1 a 0,2 horas e a segunda de 1 a 2 horas. A absorção através da mucosa oral representa o primeiro segmento de absorção, durante o qual a maior parte da catinona (59 ± 21%) e da catina (84 ± 6%) é absorvida. Os níveis plasmáticos máximos são atingidos em 2,3 horas para a catinona, 2,6 horas para a catina e 2,8 horas para a norefedrina. A mastigação extrai uma grande parte dos princípios activos do khat, deixando apenas 9,1 ± 4,2% destas substâncias nos resíduos das folhas. O segundo segmento de absorção envolve o estômago e o intestino delgado.
A semi-vida de eliminação da catinona é de 1,5 ± 0,8 horas, enquanto a da catina é de 5,2 ± 3,4 horas. O volume do compartimento central é de 2,7 ± 3,4 l/kg para a catinona e de 0,7 ± 0,4 l/kg para a catina. A catinona é detetável no plasma entre 0,5 e 7,5 horas após a administração, mas geralmente desaparece após 24 horas.

A cromatografia em fase gasosa associada à espetrometria de massa é utilizada para detetar a presença de khat na urina. Como a catinona não pode ser detectada diretamente, procura-se o seu metabolito, a norefedrina. O teste pode permanecer positivo até dois dias após o consumo de khat.
O khat pode também afetar a biodisponibilidade de certos medicamentos, como a ampicilina, a amoxicilina e as tetraciclinas. Um estudo efectuado na Universidade de Sana'a mostrou uma redução significativa da biodisponibilidade da ampicilina quando tomada ao mesmo tempo que o khat.

Contudo, a ampicilina administrada duas horas após o consumo de khat não é afetada. A biodisponibilidade da amoxicilina é significativamente reduzida apenas quando é administrada durante a sessão de khat. Por isso, recomenda-se que estes antibióticos sejam tomados duas horas depois de uma sessão de khat. Este estudo centra-se nestes dois antibióticos devido à sua utilização frequente no Iémen.

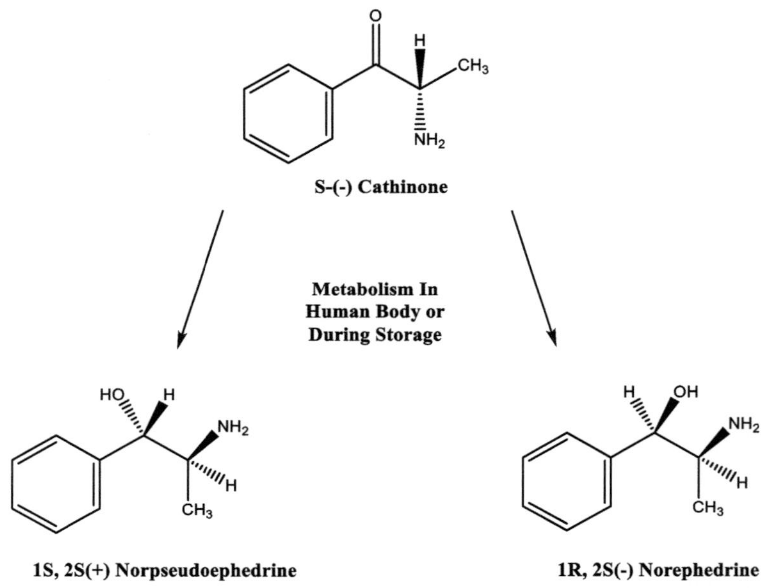

Figura 7: Metabolismo da catinona no corpo humano

PARTE IV
EXTENSÃO E PERIGOSIDADE DO KHAT

1. Prevalência do Khat

Estima-se que mais de 80% dos homens no Iémen consomem regularmente khat. O consumo feminino também está a aumentar, com 43% a 50% das mulheres do país a mastigarem khat diariamente.

No Djibuti, o khat é consumido por cerca de 70% dos homens e 30% das mulheres.

Na Somália, o consumo é predominantemente masculino, com 75% dos homens a serem utilizadores regulares, enquanto 7-10% das mulheres também consomem khat. Cerca de 15-20% das crianças com menos de 12 anos são também consumidores diários.

Na Etiópia, o khat é consumido por cerca de 50% da população, 17% dos quais afirmam ser consumidores diários.

Na Europa, o consumo de khat é relativamente esporádico, afectando principalmente as comunidades de imigrantes do Djibuti, da Somália, da Etiópia, do Quénia e do Iémen. Os estudos disponíveis, realizados principalmente no Reino Unido, não permitem determinar a extensão exacta deste consumo. No entanto, parece que o consumo é regular, mas não necessariamente diário, com uma prevalência mais elevada entre os homens que se reúnem para sessões de mastigação. É possível que o consumo feminino seja subestimado devido ao estigma associado à prática, que leva ao consumo em espaços privados. Além disso, o consumo de khat está mais difundido entre os muçulmanos, uma vez que o hábito é frequentemente transmitido de geração em geração. Existe também uma correlação entre o estatuto de estudante e o consumo de khat, nomeadamente durante os períodos de exame, devido aos seus efeitos estimulantes sobre a atenção.

Contrariamente às tendências na Europa, onde o consumo múltiplo de drogas é cada vez mais comum, os consumidores de khat não tendem geralmente a consumir outras drogas. No entanto, o khat é também consumido em vários países ocidentais, incluindo a Austrália, os Estados Unidos, o Canadá, o Reino Unido, a Dinamarca, a Noruega, a Suécia e os Países Baixos. Por exemplo, há cerca de 1 350 utilizadores na Dinamarca e 2 000 a 3 000 na Suécia.

Nestes países, o consumo está principalmente confinado às comunidades de imigrantes da Somália, da Etiópia, do Iémen e da África Oriental em geral. Globalmente, o número de consumidores de khat a nível mundial está estimado em cerca de 10 milhões.

O diagrama seguinte (Figura 8) mostra como o khat chega à Europa.

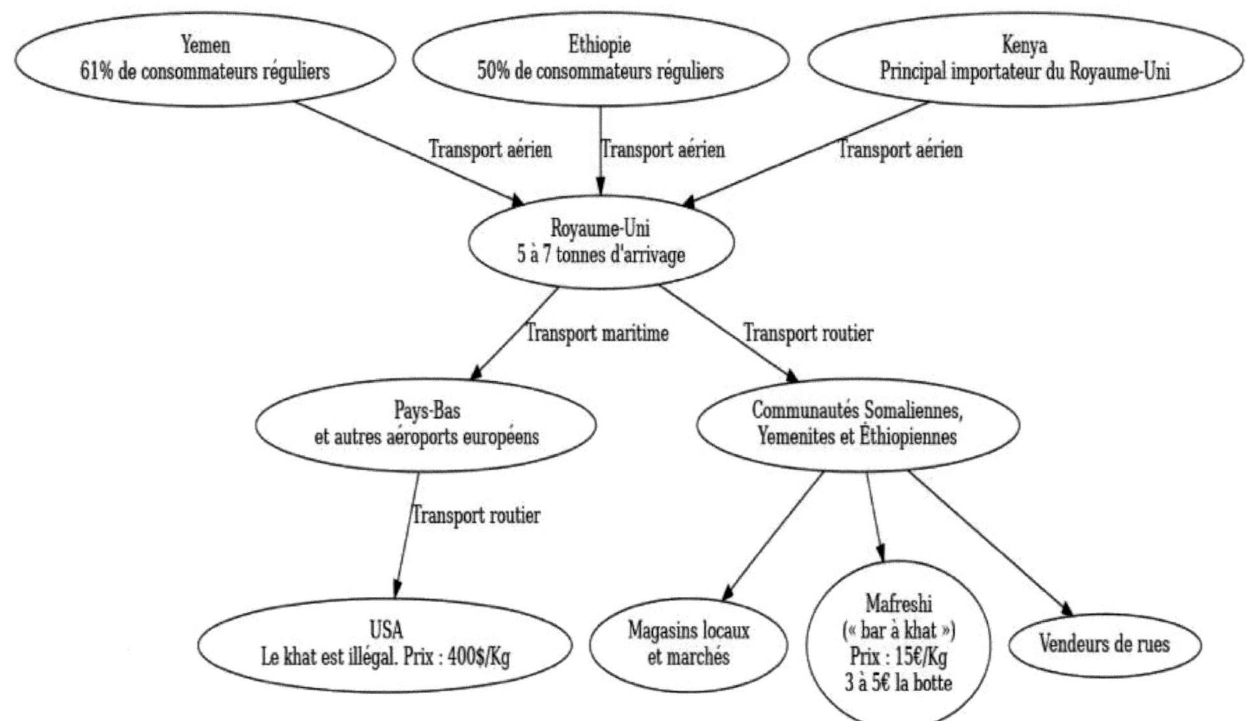
Yemen
61% de consommateurs réguliers
Ethiopie
50% de consommateurs réguliers
Kenya
Principal importateur du Royaume-Uni
Transport aérien
Transport aérien
Transport aérien
Royaume-Uni
5 à 7 tonnes d'arrivage
Transport maritime
Transport routier
Pays-Bas
et autres aéroports européens
Communautés Somaliennes,
Yemenites et Éthiopiennes
Transport routier
USA
Le khat est illégal. Prix : 400$/Kg
Magasins locaux
et marchés
Mafreshi
(« bar à khat »)
Prix : 15€/Kg
3 à 5€ la botte
Vendeurs de rues

Figura 8: Rede de distribuição de Khat vista do Reino Unido

2. Efeitos e consequências do Khat

O consumo de khat está principalmente associado a efeitos eufóricos, mas também tem efeitos secundários a curto, médio e longo prazo. A curto prazo, os utilizadores podem sentir euforia, maior estimulação e uma melhoria temporária do humor. No entanto, com o uso prolongado, podem ocorrer vários efeitos secundários, incluindo perda de motivação, letargia, depressão e tremores ligeiros. Embora estes sintomas sejam geralmente moderados, são frequentemente reversíveis quando a utilização é interrompida.
O potencial de abuso e dependência do khat é considerado relativamente baixo. No entanto, vários estudos evidenciaram diversos efeitos nocivos do khat no organismo, que analisaremos mais pormenorizadamente a seguir.

2.1 Efeitos do Khat no Sistema Nervoso Central

O consumo de khat, nomeadamente devido à presença de catinona, provoca uma estimulação significativa do sistema nervoso central. A catinona, por ser lipossolúvel, atinge o sistema nervoso central de forma mais rápida e intensa do que a catina. Os efeitos psicoestimulantes da mastigação do khat incluem euforia moderada, excitação ligeira, aumento do estado de alerta e melhoria da interação social e da loquacidade. Estes efeitos começam geralmente entre 15 e 45 minutos após o início da mastigação e podem durar até 7 horas, com um pico de intensidade observado 1,5 a 3,5 horas após o início da sessão. No entanto, estes efeitos são seguidos de sintomas como disforia, ansiedade, depressão reactiva, insónia e anorexia.

Os efeitos do khat, embora semelhantes aos da anfetamina, diferem quantitativamente. O consumo de khat pode induzir comportamentos como a hiperatividade e a logorreia. Um estudo publicado na revista Frontiers in Psychology comparou a capacidade dos utilizadores e não utilizadores de khat para responder a um sinal modelo. O estudo

concluiu que, embora não houvesse diferenças significativas entre os dois grupos, os utilizadores de khat demoravam mais tempo a responder.
Na Europa, as psicoses relacionadas com o khat tornaram-se mais frequentes nos últimos anos. Estas psicoses podem ocorrer em resultado de um consumo excessivo ou de plantas mais concentradas, especialmente em indivíduos com uma predisposição psiquiátrica. As perturbações psiquiátricas observadas incluem mania (como obsessões), esquizofrenia e delírios paranóicos. As alucinações não são raras entre os utilizadores regulares. No entanto, o consumo moderado não parece afetar significativamente a morbilidade psiquiátrica.

O sofrimento moral também está associado ao consumo de khat, muitas vezes ligado à frequência e à duração do consumo. Esta relação é complexa, pois muitas pessoas utilizam o khat para aliviar esse sofrimento. Os consumidores de mais de dois maços de khat por dia apresentam um aumento da morbilidade psiquiátrica e os efeitos adversos são geralmente dependentes da dose. O khat é por vezes considerado um fator desencadeante de doenças psiquiátricas, com episódios de violência relatados no contexto de paranoia e delírios de perseguição.

No que respeita à dependência, um grupo de peritos da Organização Mundial de Saúde (OMS) concluiu que a dependência psicológica do khat é significativamente maior do que a dependência física. Após uma sessão prolongada, os sintomas observados incluem um estado letárgico, uma depressão moderada e pesadelos recorrentes. A ausência de sintomas físicos sugere que os efeitos da interrupção do consumo são mais do tipo rebound do que uma verdadeira síndrome de abstinência. No entanto, o khat continua a ser objeto de vigilância devido ao consumo frequente de cigarros e de álcool durante as sessões de mastigação, sendo que o álcool compensa os efeitos do khat no humor e no sono.

Um estudo recente realizado no Quénia revelou que dois terços dos consumidores de khat bebem álcool, 41% dos quais são consumidores intensivos. Além disso, a insónia causada pelo khat pode levar a comportamentos mais perigosos, como cheirar cola ou tomar sedativos.

2.2 Efeitos cardiovasculares do Khat

O consumo regular de khat está associado a um aumento significativo da pressão arterial diastólica. Nos voluntários, observa-se um aumento da pressão arterial em correlação com um pico dos níveis plasmáticos de khat, geralmente atingido entre 1,5 e 3,5 horas após a ingestão. A catinona, um dos principais componentes do khat, contribui para este aumento da tensão arterial exercendo um efeito inotrópico e cronotrópico positivo no coração. Estudos efectuados em ratos e cães anestesiados mostram que a catinona aumenta igualmente o ritmo cardíaco.

O consumo de khat está também associado a vasoconstrição, amplificada pelo aumento da libertação de noradrenalina. Nos locais de armazenamento periférico de noradrenalina, a catinona promove a libertação de noradrenalina na fenda sináptica de forma semelhante à anfetamina. Contudo, esta libertação é inibida por bloqueadores da recaptação da noradrenalina, como a cocaína ou a desipramina. Estas observações sugerem que a catinona actua indiretamente como simpaticomimético.
Relatórios como o de Fitzgerald mencionam igualmente casos de edema pulmonar ligados ao consumo de khat.

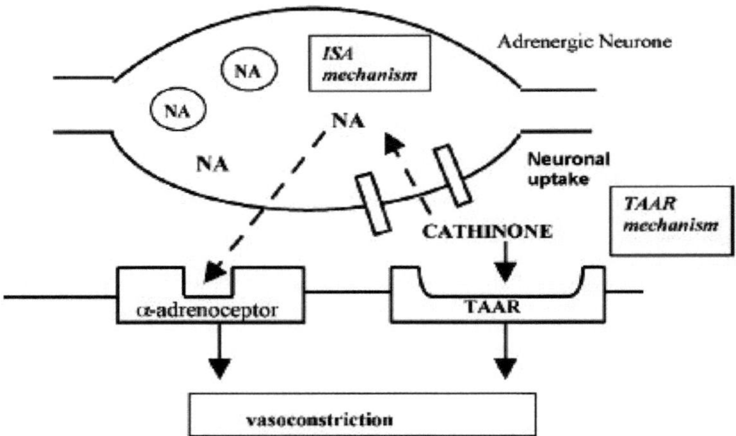

Figura 9: Mecanismo de vasoconstrição da catinona

A catinona pode atuar como amina simpaticomimética indireta (mecanismo ISA), através de um mecanismo de recaptura no neurónio simpático, que provocaria uma libertação de noradrenalina nos adrenoreceptores. A segunda possibilidade é através de um mecanismo simpaticomimético independente, provavelmente diretamente num recetor vestigial do tipo amina (mecanismo TAAR).

As pessoas que tomam khat registam um aumento do ritmo cardíaco e da temperatura corporal, bem como uma transpiração abundante. Estes efeitos são frequentemente acompanhados de frio nas extremidades, um sinal clínico de vasoconstrição periférica.

2.2.1 O enfarte do miocárdio e o Khat

Nos últimos anos, os hábitos de consumo de khat mudaram, com as sessões de mastigação a prolongarem-se frequentemente pela noite dentro, por vezes até à meia-noite. Esta alteração influencia o ritmo circadiano dos acidentes cardiovasculares. Em geral, os enfartes do miocárdio e as mortes súbitas ocorrem mais frequentemente de manhã cedo, logo após o despertar. Este fenómeno está ligado a um aumento das catecolaminas, que provocam um aumento do ritmo cardíaco, da pressão sanguínea, da contratilidade do miocárdio e da necessidade de oxigénio durante a manhã.

O consumo de khat é um fator de risco independente para acidentes cardiovasculares. As pessoas que mascam khat moderadamente têm um risco acrescido de ataque cardíaco, enquanto as que mascam khat intensivamente têm um risco ainda maior. A duração das sessões de mastigação está diretamente relacionada com o risco de ataque cardíaco: os indivíduos que mastigam khat durante mais de seis horas correm um risco acrescido. Além disso, o consumo de cigarros entre os consumidores de khat pode complicar esta avaliação, uma vez que é frequente e pode também influenciar o risco de doenças cardiovasculares.

A catinona, o principal composto ativo do khat, provoca uma vasoconstrição das artérias coronárias. Esta vasoconstrição poderia explicar o aumento dos acidentes cardiovasculares observados nos consumidores de khat.

No caso da síndrome coronária aguda, o consumo de khat está diretamente associado a um risco acrescido de enfarte e morte; por exemplo, uma proporção significativa dos doentes que sofrem de síndrome coronária aguda no Iémen são consumidores de khat. O aumento do ritmo cardíaco, o espasmo coronário e a exacerbação associados ao consumo de khat contribuem igualmente para o risco de enfarte.

É fundamental estudar estes riscos em diferentes populações, comparando os consumidores de khat não fumadores, os consumidores de khat fumadores, os não fumadores e os não fumadores.

2.2.2 Acidentes vasculares cerebrais relacionados com o khat

Alguns estudos sugerem uma ligação entre o consumo de khat e os acidentes vasculares cerebrais. A vasoconstrição induzida pela catinona, associada à hipertensão arterial provocada pelo khat, e os enfartes do miocárdio observados nos utilizadores poderiam indicar a existência de mecanismos semelhantes no cérebro.

Foram documentados casos de acidente vascular cerebral após o consumo de khat. Por exemplo, um homem de 41 anos sofreu uma isquémia cerebral após o consumo de khat. Num outro caso, um homem de 28 anos sofreu um enfarte do miocárdio e um acidente vascular cerebral após uma sessão de mastigação de khat. Estes incidentes

foram atribuídos a um mecanismo trombogénico, no qual a formação de coágulos sanguíneos poderia desempenhar um papel crucial.
Foi estabelecido que o consumo de khat aumenta o risco de AVC. No entanto, é necessária mais investigação para confirmar e compreender melhor a relação entre o consumo de khat e os acidentes vasculares cerebrais.

2.2.3 Trombose, utilização de aspirina e khat

A aspirina é habitualmente utilizada para prevenir eventos cardiovasculares, tanto em pessoas saudáveis como em doentes com doença cardíaca isquémica. É prescrita uma dose baixa de aspirina, normalmente 75 mg, para reduzir o risco de ataques cardíacos e acidentes vasculares cerebrais.
No entanto, estudos demonstraram que, nos indivíduos que consomem khat, o tempo de hemorragia é significativamente reduzido em comparação com os não consumidores. De facto, os pacientes que tomam aspirina e consomem khat têm um tempo de hemorragia de cerca de 2,3 minutos, em comparação com 8 minutos para os que não consomem khat. Estes resultados sugerem que os componentes do khat podem atenuar os efeitos antiplaquetários da aspirina.

É possível que a catinona, um dos ingredientes activos do khat, exerça um efeito pró-agregante, estimulando a libertação de catecolaminas. No entanto, estas hipóteses têm ainda de ser confirmadas por estudos *in vitro* e por investigação clínica para compreender melhor a interação entre o khat e os medicamentos anticoagulantes, como a aspirina.

2.3 Efeitos do Khat no sistema digestivo

Os efeitos do khat no sistema digestivo podem ser vistos nas várias patologias observadas nos consumidores. Entre as afecções frequentemente registadas contam-se a estomatite, a esofagite e a gastrite. Estes sintomas podem ser devidos aos taninos presentes no khat, que são conhecidos pelas suas propriedades adstringentes. As perturbações gástricas estão também associadas à hipotonia gástrica, resultante da ação simpaticomimética das catinas e dos seus precursores. Estudos recentes mostraram que a mastigação de khat retarda significativamente o esvaziamento gástrico, o que contribui para um aumento do refluxo gastro-esofágico. A regurgitação ácida e a dor retroesternal são, portanto, manifestações clínicas comuns, e o refluxo ácido aumenta o risco de esófago de Barrett.

A investigação estabeleceu também uma ligação entre o consumo de khat e um risco acrescido de úlceras duodenais, tendo em conta outros factores de risco, como o tabagismo, o uso de anti-inflamatórios não esteróides (AINE) e o álcool. Embora estes factores tenham sido excluídos como causas de úlceras, a presença de *Helicobacter pylori* e outras variáveis, como pesticidas ou substâncias químicas nas folhas de khat, bem como constituintes do khat como a catinona, foram sugeridos como causas potenciais.
Um estudo mostrou igualmente que doses elevadas de khat (300 mg/kg) agravavam as úlceras gástricas e duodenais existentes, atribuindo esta atividade nociva à dose, aos constituintes químicos da planta e aos seus efeitos anfetamínicos. Com doses mais baixas ou com uma administração subcrónica, não se observou um agravamento significativo das úlceras.

O consumo de khat está igualmente associado a efeitos anorécticos. Os utilizadores tendem a fazer refeições inadequadas no dia da sessão, sendo os efeitos anorécticos atribuídos a uma ação direta da catinona no sistema nervoso central e no trato gastrointestinal. O uso prolongado em doses elevadas resulta numa perda de peso significativa e numa atividade anoréctica.
Além disso, as queixas frequentes dos consumidores incluem a obstipação, devido ao efeito adstringente dos taninos e às propriedades simpaticomiméticas da catinona. Esta obstipação é geralmente dependente da dose e mais pronunciada com o uso prolongado de doses elevadas. Os utilizadores tentam muitas vezes compensar estes efeitos modificando a sua alimentação, por exemplo comendo refeições ricas em gordura antes das sessões.

O consumo crónico de khat está igualmente associado a um aumento dos ataques hemorroidais. Um estudo revelou que 62% dos utilizadores de khat sofriam de ataques hemorroidais, em comparação com apenas 4% dos não utilizadores. No entanto, este estudo não tem em conta outros factores potenciais, como o tabagismo, a alimentação, a idade ou outros distúrbios como a obstipação. A origem das hemorróidas poderia ser devida à catinona ou aos taninos presentes no khat.

Os efeitos do khat no fígado são também motivo de preocupação. O fígado parece ser particularmente vulnerável aos efeitos tóxicos do khat, afectando os níveis de fosfatase alcalina e de alanina aminotransferase (ALAT). O consumo de khat provoca alterações bioquímicas e histológicas, tanto a curto como a longo prazo, como a congestão da veia hepática central, a degenerescência hepatocelular e a atividade regenerativa que conduz à fibrose, que pode evoluir para cirrose. A vasoconstrição induzida pelas catinonas pode também contribuir para certas doenças hepáticas, como a hepatite subcrónica e a hepatite autoimune.
Foram também observados casos de iterícia, típica da hepatite induzida por certos medicamentos. A hepatotoxicidade poderia resultar de um aumento da oxidação, da peroxidação lipídica e da produção de radicais livres no fígado. No entanto, outros estudos não revelaram alterações significativas.

2.4 Khat, diabetes tipo II e o efeito sobre o apetite

O consumo de khat, em particular devido à catinona, tem efeitos notáveis na regulação da glicose no sangue e no apetite. A catinona estimula a secreção de noradrenalina e adrenalina, que se ligam aos receptores β2-adrenérgicos no fígado, activando a glicogenólise e aumentando os níveis de glicose no sangue. Ao mesmo tempo, estas catecolaminas ligam-se aos receptores α2-adrenérgicos do pâncreas, inibindo a secreção de insulina e aumentando a utilização da glicose pelos músculos. Esta dupla ação contribui para o aumento dos níveis de glicose no sangue.

No Iémen, muitos diabéticos acreditam que o consumo de khat ajuda a controlar os seus níveis de açúcar no sangue. Além disso, o khat é frequentemente considerado como uma forma de gerir a hiperglicemia. A ideia de que o khat poderia ser benéfico para os diabéticos de tipo I baseia-se no seu efeito de perda de peso, ligado à lipólise e ao atraso do esvaziamento gástrico. A estimulação simpática da catinona leva a um aumento dos níveis plasmáticos de catecolaminas, que podem aumentar os níveis de açúcar no sangue activando a glicogenólise nos músculos e no fígado. A inibição da secreção de insulina pelas células β do pâncreas pode, por conseguinte, contribuir para um aumento dos níveis de glicose no sangue.

No entanto, os resultados dos estudos são contraditórios. Alguns estudos não revelaram qualquer efeito significativo do consumo de khat nos níveis de glucose imediatos e pós-prandiais em indivíduos não diabéticos. Por outro lado, outros estudos indicam que o consumo de khat pode reduzir os níveis de açúcar no sangue. Por exemplo, um estudo encontrou uma redução de 61% nos níveis de açúcar no sangue quatro horas após uma sessão de mastigação em indivíduos saudáveis. Em diabéticos, por outro lado, os níveis de açúcar no sangue eram significativamente mais elevados uma a duas horas após a mastigação.
Um estudo efectuado em coelhos alimentados com diferentes doses de khat mostrou um aumento dos níveis de açúcar no sangue após quatro meses, seguido de uma redução significativa após seis meses. Estes resultados são de interpretação complexa, mas sugerem uma relação entre a estimulação da glicogenólise e o efeito na secreção de insulina, com uma possível compensação do aumento do açúcar no sangue por um aumento da secreção de insulina. Além disso, estudos efectuados em coelhos mostraram que o khat pode baixar os níveis de colesterol após seis meses, o que poderia reduzir o risco cardiovascular.

Um estudo recente estabeleceu uma ligação clara entre o consumo regular de khat e a diabetes de tipo II, que requer insulina. Os marcadores tidos em conta incluem a resistina, o cortisol e a insulina, bem como os níveis sanguíneos de cobre, zinco e cálcio. Os resultados mostram que o consumo de khat aumenta a resistência à insulina nos diabéticos de tipo II, o que está associado a um aumento da glicémia imediata e pós-prandial, bem como a alterações dos níveis de cortisol, cobre, cálcio, zinco e insulina.

Em termos de apetite, o khat exerce um efeito anorético, reduzindo significativamente a sensação de fome e aumentando a saciedade, embora os níveis de grelina e do péptido YY não sejam afectados. Este efeito anorético é atribuído a uma ação central da catinona. Assim, o khat poderia ser utilizado para controlar ou reduzir a obesidade e, indiretamente, o risco de diabetes em determinadas populações. Além disso, foi observado um aumento do nível de leptina, uma hormona anorexígena, quatro horas após uma sessão de mastigação intensa (400 g de khat), o que contribui para reduzir o apetite e, consequentemente, o peso.

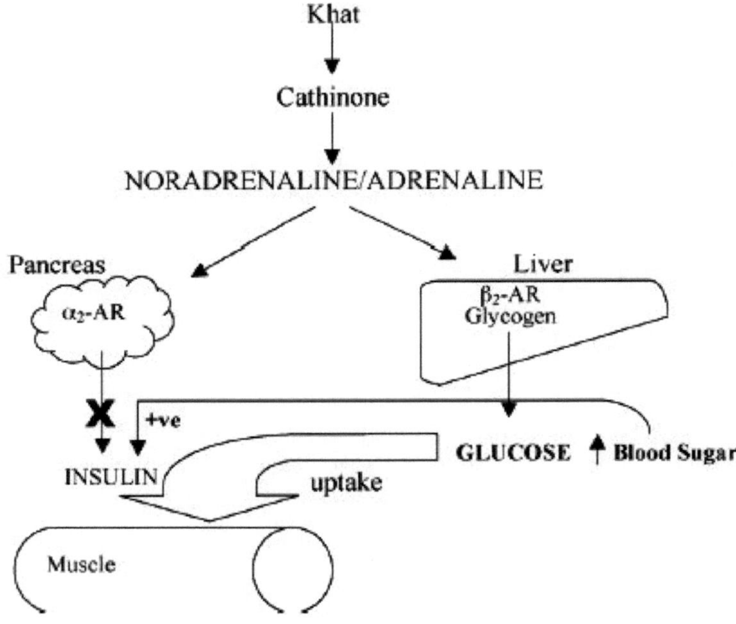

Figura 10: Diagrama esquemático do efeito hipotético do khat e da catinona nos níveis de glucose no sangue

2.5 O khat e o sistema geniturinário

2.5.1 Efeitos do Khat nos seres humanos

O consumo de khat pelos homens está associado a vários efeitos sobre o sistema geniturinário, incluindo problemas de micção e perturbações da função renal e reprodutiva.

Micção e função renal: Os utilizadores de khat podem sentir dificuldades durante a micção, como micção hesitante e fluxo lento. Estes sintomas devem-se provavelmente à estimulação dos receptores $\alpha 1$-adrenérgicos na bexiga pela catinona, um alcaloide simpaticomimético.

Este problema de micção pode ser atenuado pela indoramina, uma droga que, no entanto, não afecta os efeitos cardíacos da catinona. Além disso, o consumo de khat está associado a um aumento dos níveis de ureia e de creatinina, o que indica toxicidade renal. A acumulação de radicais livres no tecido renal, gerados pela peroxidação lipídica e outros mecanismos de oxidação, também contribui para esta toxicidade.

Função sexual e reprodutiva: Os efeitos do khat na libido e na função reprodutiva são variados e, por vezes, contraditórios. Alguns utilizadores referem uma melhoria da autoestima e da libido. No entanto, os estudos sobre os efeitos do khat na função sexual e na produção de esperma não permitem tirar conclusões definitivas.

A investigação indica que a catina e a norefedrina, presentes no khat, podem influenciar a espermatogénese. Inicialmente, estes compostos parecem acelerar a maturação das espermátides em espermatozóides, facilitando a formação do acrossoma. Podem também ajudar a manter o acrossoma, promovendo assim a fertilização.

Contudo, outros estudos, como o de Mwenda *et al*, mostram que o consumo de khat pode prejudicar a espermatogénese e reduzir os níveis de testosterona no plasma. Além disso, segundo Mohammed et *al*, uma dose moderada de khat (100 a 200 mg/kg) pode aumentar a motivação sexual sem afetar significativamente o desempenho, ao passo que doses mais elevadas (300 mg/kg) reduzem tanto a motivação como o desempenho sexual.

Em mascadores crónicos de khat, vários estudos observaram uma redução na contagem, volume e motilidade dos espermatozóides. Também foram documentadas no Iémen malformações do esperma entre utilizadores regulares, tais como espermatozóides sem flagelo, com flagelo sem cabeça ou com várias cabeças e flagelos.

2.5.2 Efeitos do Khat nas mulheres

A investigação sobre os efeitos do khat nas mulheres, nomeadamente durante a gravidez e a amamentação, revela uma série de impactos negativos na saúde materna e neonatal.

Impacto na gravidez e no recém-nascido: Estudos mostram que as crianças nascidas de mães que consomem khat, quer ocasionalmente quer regularmente, têm frequentemente um peso à nascença inferior à média. Recentemente, foi demonstrado que o consumo de khat durante a gravidez tem efeitos deletérios em vários parâmetros neonatais. Estes incluem uma redução do peso, da altura e do perímetro cefálico, bem como uma descida do índice de Apgar, que avalia o estado de saúde do recém-nascido com base no ritmo cardíaco, na respiração, na cor da pele, no tónus muscular e na resposta aos estímulos.

Estes efeitos são proporcionais à intensidade do consumo de khat pela mãe. A investigação indica que o consumo frequente de khat prejudica o crescimento fetal intrauterino, afectando o fluxo sanguíneo útero-placentário. Por exemplo, um estudo efectuado por Hassan et *al.* em ratos mostrou que o khat reduziu a massa gorda e o peso do feto, alterando simultaneamente a composição química de certos órgãos fetais, como o fígado, o coração e os rins. Estes efeitos são atribuídos a uma supressão da síntese proteica nestes órgãos.

Além disso, o khat tem propriedades genotóxicas e teratogénicas, nomeadamente nas grávidas que o consomem regularmente. Estudos realizados com ratos e ratazanas revelaram mutações letais, aberrações cromossómicas nos espermatozóides e efeitos teratogénicos.

Impacto no aleitamento: Observou-se que as mulheres que amamentam e consomem khat produzem geralmente uma quantidade reduzida de leite. Esta redução da lactação pode ser devida a uma inibição da secreção de prolactina pela catina, um componente ativo do khat. Além disso, a catina é detectada no leite materno das consumidoras. Podem também ser encontrados vestígios desta substância na urina dos bebés 2 a 4 horas após a amamentação.

2.6 Khat e cancro

2.6.1 Localização do cancro

O consumo prolongado de khat pode ter efeitos deletérios crónicos, nomeadamente nos cancros. O modo de consumo desta planta tem uma forte influência na localização dos cancros observados, que estão principalmente associados à cavidade oral e ao aparelho digestivo, com uma clara dependência da dose consumida.

- ✓ **Cavidade oral :**

Os cancros da cavidade oral, como os que afectam o maxilar inferior, a mucosa oral e a superfície lateral da língua, aparecem geralmente em pessoas que consumiram khat durante pelo menos 20 anos. A acumulação prolongada de khat está correlacionada com um aumento dos casos de malignidade oral, como revelam os estudos epidemiológicos efectuados na Arábia Saudita. Os taninos presentes no khat podem engrossar a mucosa da orofaringe e do esófago, o que pode aumentar o risco de cancro.

- ✓ **Aparelho digestivo :**

Foram observados carcinomas esofágicos e gástricos em alguns pacientes que consumiram khat, sendo as mulheres mais afectadas pelos carcinomas esofágicos. A utilização de cachimbos de água durante as sessões de khat foi identificada como um fator de risco adicional para o carcinoma cardíaco. O consumo de khat também está associado a um atraso no esvaziamento gástrico, que pode levar ao refluxo gastro-esofágico, um potencial precursor do esófago de Barrett e dos cancros associados.

- ✓ **Úlceras duodenais :**

Embora as úlceras duodenais sejam comuns entre os consumidores de khat, parecem também estar ligadas ao consumo de tabaco. A transformação da mucosa esofágica em mucosa de tipo gástrico é suspeita de aumentar significativamente o risco de adenocarcinoma do esófago.

No entanto, este risco é elevado independentemente do consumo de khat e justifica um estudo mais aprofundado para determinar os factores específicos envolvidos.

- ✓ **Dificuldades de atribuição :**

Atualmente, não existem provas suficientes para afirmar que o khat é o único fator cancerígeno. Embora os estudos tenham estabelecido uma relação entre o consumo de khat e os cancros da mucosa oral, a presença concomitante do tabaco e de outras substâncias cancerígenas, como os hidrocarbonetos aromáticos policíclicos e as nitrosaminas, torna difícil identificar o papel exclusivo do khat nestas doenças. A complexidade da situação reside na dificuldade de distinguir os efeitos cancerígenos do khat dos efeitos de outros factores ambientais e comportamentais.

2.6.2 Khat, stress oxidativo e efeitos genotóxicos

A investigação tem evidenciado os efeitos nocivos do khat na saúde do fígado e dos rins, nomeadamente através de estudos em modelos animais. As investigações revelaram uma toxicidade grave do khat, com níveis aumentados de enzimas hepáticas, bem como concentrações aumentadas de ureia, bilirrubina e fósforo no soro. Ao mesmo tempo, foi observada uma diminuição das concentrações de proteínas totais e de albumina. Este fenómeno está associado à peroxidação lipídica e a um stress oxidativo significativo nos tecidos do fígado e dos rins. No entanto, a administração de antioxidantes como a vitamina E ou o ácido alfa-lipóico demonstrou efeitos protectores contra esta toxicidade hepática. A toxicidade observada parece estar ligada à oxidação lipídica e à formação de radicais livres nestes tecidos.

No que se refere aos efeitos genotóxicos, estudos demonstraram que os extractos metanólicos de khat induzem anomalias cromossómicas nas células da medula óssea do rato. Estas anomalias incluem trocas de cromátides irmãs, várias aberrações cromossómicas, bem como perturbações durante as fases de metáfase e anáfase da divisão celular. Estes resultados sublinham o potencial genotóxico do khat, salientando os riscos de perturbações genéticas associadas ao seu consumo.

2.6.3 O khat e o seu potencial anti-cancro

Investigações recentes exploraram o potencial anti-cancro do khat, revelando resultados promissores. Estudos demonstraram que os extractos de khat, bem como os seus componentes activos, a catinona e a catina, podem induzir a apoptose em várias linhas celulares humanas. Esta indução da apoptose ocorre de forma rápida e sensível, graças à ativação das caspases -1, -3 e -8, que são enzimas cruciais no processo de morte celular programada.
Além disso, os efeitos do khat nas células cancerosas parecem ser comparáveis aos da camptotecina, um composto conhecido pelas suas propriedades anticancerígenas. Estas observações sugerem que o khat poderia representar uma via interessante para futuras investigações no domínio da oncologia, nomeadamente para o desenvolvimento de novas estratégias terapêuticas contra o cancro.

2.7 Khat e doenças orais e dentárias

Para além dos riscos de cancro da boca associados ao consumo de khat, esta prática está igualmente ligada a um certo número de outras afecções orais e dentárias. O consumo prolongado de khat pode provocar estomatites, frequentemente complicadas por superinfecções da mucosa oral devido à tensão mecânica exercida sobre os dentes e os tecidos orais durante a mastigação. As substâncias contidas no khat têm igualmente um efeito irritante sobre estas mucosas.

Entre os mascadores de khat no Iémen, há uma elevada taxa de doenças das gengivas, mas uma baixa taxa de cáries dentárias. Uma das queixas mais comuns é a boca seca, provavelmente causada pela ação simpaticomimética da catinona ou pelo excesso de secreção salivar associado à mastigação.

Estudos realizados em pacientes iemenitas que consumiram khat durante cerca de 20 anos revelaram uma baixa prevalência de cáries dentárias, mas um desgaste dentário significativo. Registou-se também dor temporomandibular e um aumento da doença periodontal no lado da mastigação. Cerca de 50% dos casos estudados apresentavam queratose oral ou leucoplasia, uma condição considerada pré-cancerosa.

A mastigação de khat está também associada a alterações histopatológicas, como a hiperqueratose da mucosa (acantose). No entanto, alguns estudos, como os realizados no Quénia, não confirmam a associação entre o khat e a leucoplasia.

Um estudo recente realizado no Iémen indica que o consumo de khat aumenta o risco de várias doenças orais, incluindo gengivite, formação de bolsas gengivais, retração das gengivas, afrouxamento dos dentes e desvitalização. A mastigação do khat provoca igualmente fissuras e dores temporomandibulares, bem como o desgaste e a descoloração dos dentes.

No que diz respeito às glândulas salivares, a xerostomia (boca seca) também resulta da mastigação, com hipertrofia e inflamação das glândulas salivares no local da mastigação. Para além disso, esta prática pode levar a uma assimetria facial evidente.

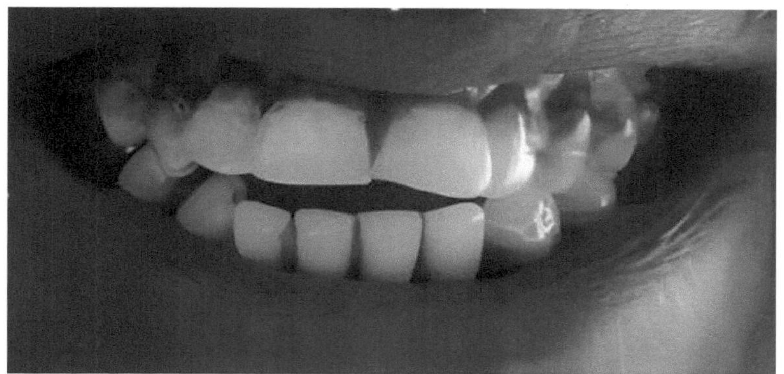

Foto 13: Os dentes de um consumidor de khat

2.8 Khat e doenças pulmonares

O consumo de khat está associado a um certo número de perturbações pulmonares. Entre os efeitos observados, encontra-se um aumento da taquipneia, ou respiração rápida. Os consumidores de khat têm também uma maior prevalência de bronquite crónica. Estas afecções respiratórias estão frequentemente ligadas à inalação das substâncias irritantes contidas no khat e à resposta inflamatória que estas desencadeiam nas vias respiratórias.

PARTE V

KHAT: MEDICAMENTO OU DROGA?

1. Utilização terapêutica do Khat

A utilização do khat para fins medicinais continua relativamente inexplorada. No entanto, esta planta é um componente antigo da medicina tradicional africana e árabe. Historicamente, tem sido utilizada para tratar a depressão e os distúrbios biliares. Estudos em animais revelaram que o khat tem efeitos espasmódicos e analgésicos. Além disso, testes mostraram que a administração oral de flavonóides extraídos do khat exerce uma atividade anti-inflamatória, nomeadamente contra o edema e os granulomas induzidos por carrageninas em ratos.

Na Etiópia, as folhas e as raízes do khat são tradicionalmente utilizadas para tratar doenças como a gripe, a tosse, a gonorreia, a asma e outras afecções pulmonares. As raízes isoladas são também utilizadas para aliviar dores de estômago, enquanto as infusões de khat são por vezes administradas para tratar furúnculos.

Na Alemanha, existem preparações que contêm até 5% de catina em solução, com uma dose máxima de 1.600 mg por unidade. Estas preparações, prescritas por receita médica, são utilizadas como simpaticomiméticos.

No Reino Unido, embora o khat seja reconhecido como um medicamento, nunca foi utilizado para este fim. Recentemente, foram estudadas as propriedades antibacterianas e citotóxicas do khat, e os seus componentes activos poderiam oferecer perspectivas terapêuticas futuras.

Além disso, alguns estudos sugerem que o efeito anorético do khat pode levar ao desenvolvimento de tratamentos para a obesidade.

2. Catinonas sintéticas

As catinonas sintéticas são substâncias psicoactivas que imitam os efeitos da catinona, um composto natural extraído das folhas da planta do khat (*Catha edulis*). Estes produtos são frequentemente comercializados com nomes de rua como "sais de banho" ou "fertilizantes para plantas", apesar da sua total falta de ligação com estes produtos convencionais. São também conhecidos como "drogas de design" ou "estimulantes sintéticos".

Estas substâncias são análogos β-ceto das feniletilaminas.

Alguns dos derivados sintéticos da catinona, como a amfepramona e a pirovalerona, foram utilizados pelas suas propriedades anorexígenas. No entanto, estas substâncias já não são utilizadas nos tratamentos médicos actuais. Em contrapartida, a bupropiona, comercializada sob o nome de Zyban® em França, continua a ser prescrita pelas suas propriedades antidepressivas e como auxiliar na cessação tabágica.

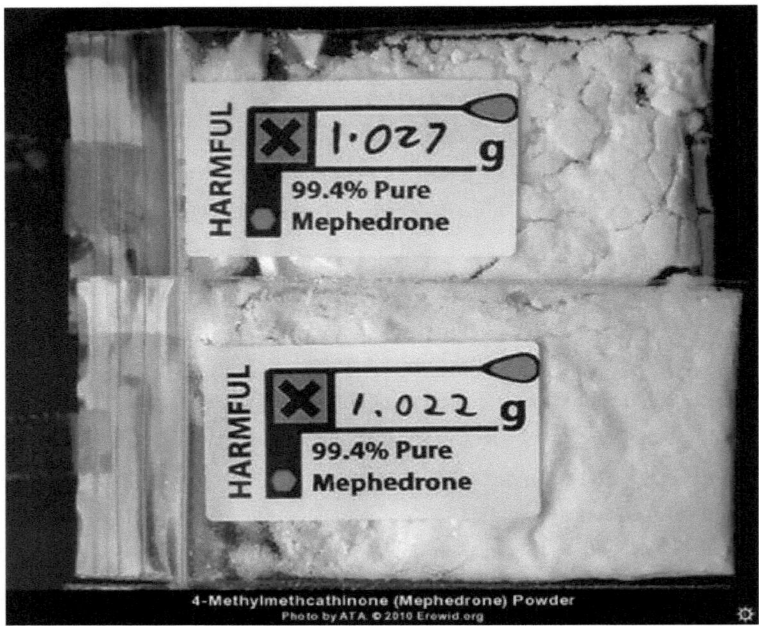

Figura 11: Mefedrona e outros derivados sintéticos da catinona.

Na última década, surgiram nos mercados europeus de drogas recreativas derivados substituídos da catinona. A primeira substância sintetizada a partir da catinona foi a metcatinona. No entanto, as drogas mais frequentemente encontradas atualmente são a mefedrona e a metilona. Estas substâncias apresentam-se sob a forma de pó branco ou castanho, com um elevado grau de pureza.

Os efeitos desejados são comparáveis aos da cocaína, das anfetaminas ou do MDMA (ecstasy). O consumo de mefedrona pode provocar complicações como hiponatremia grave e confusão mental. No seu estado natural, a catinona é o S-enantiómero. No entanto, os derivados da catinona podem estar presentes em duas formas estereoisoméricas, o que explica o facto de estas substâncias serem frequentemente encontradas em misturas racémicas.

Embora algumas catinonas, como a mefedrona, tenham sido classificadas como estupefacientes em 2010, a proliferação de novas catinonas sintéticas, baratas e acessíveis, levou a Organização Mundial de Saúde a incluir toda esta família de drogas na lista de substâncias proibidas. Atualmente, o seu tráfico e aquisição são ilegais, mesmo sob nomes enganadores como "sais de banho" ou "fertilizante para plantas".
O consumo destas substâncias, sobretudo quando combinadas com álcool ou outros estupefacientes, pode provocar efeitos graves para a saúde, como palpitações, taquicardia, vómitos e dores de cabeça.

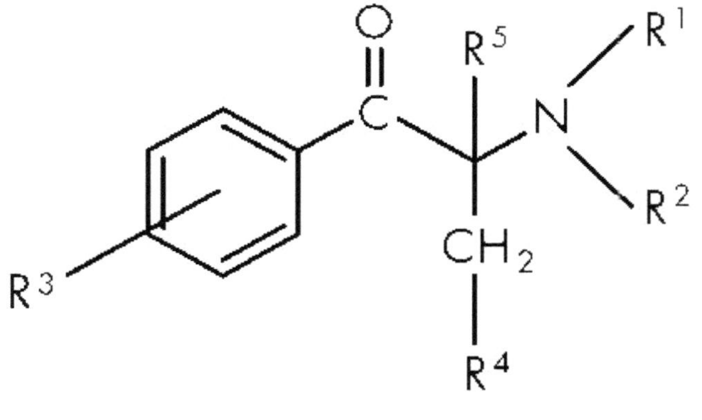

Figura 12: Estrutura geral de um derivado da catinona com padrões de substituição

Existem muitos derivados destes compostos, como mostra o Quadro 1.

Quadro 1: Estrutura dos derivados da catinona.

R1	R2	R3	R4	R5	Nome
H	H	H	H	H	Catinona
Metil	H	H	H	H	Metcatinona (Efedrona)
Metil	Metil	H	H	H	N,N-Dimetilcatinona (Metamfemona)
Etil	H	H	H	H	N-Etilcatinona
Metil	H	Metil	H	H	Bufedrona
Etil	H	4-Metil	H	H	4-Metil-N-etilcatinona
Metil	H	4-Metil	H	H	Mefedrona (4-MMC ; M-CAT)
Etil	Etil	H	H	H	Amfepramona
t-butilo	H	3-Cl	H	H	Bupropiona
Metil	H	3,4-Metileno dioxi	H	H	Metilona (βk-MDMA)
Etil	H	3,4-Metileno dioxi	H	H	Etilona (βk-MDEA)
Metil	H	4-Metil	Metil	H	Butilona (βk-MBDB)
Metil	H	4-Metoxi	H	H	Metedrona (βk-PMMA)
Metil	H	4-F	H	H	Flefedrona (4-FMC)
Metil	H	3-F	H	H	3-Fluorometcatinona (3-FMC)
{pirrolidino}	H	H	H	H	α-Pirrolidinopropiofenona (PPP)
{pirrolidino}	4-Metil	H	H	H	4-Metil-α-pirrolidinopropiofenona (MPPP)

{pirroli dino}	4-MeO	H	H	H	4-Metoxi-α-pirrolidinopropiofenona (MOPPP)
{pirroli dino}	4-Metil	Propil	H	H	4-Metil-α-pirrolidino-hexanofenona (MPHP)
{pirroli dino}	4-Metil	Etil	H	H	Pirovalerona
{pirroli dino}	4-Metil	Metil	H	H	4-Metil-α-pirrolidino-butirofenona (MPBP)
{pirroli dino}	4-Metil	H	Metil	H	4-Metil-α-pirrolidino-α-metilpropiofenona
{pirroli dino}	3,4-Metileno dioxi	H	H	H	3,4-Metilenodioxi-α-pirrolidinopropiofenona (MDPPP)
{pyrroli dino}	3,4-Metileno dioxi	Etil	H	H	3,4-Metilenodioxipirovalerona (MDPV)

3. Mefedrona

A mefedrona foi sintetizada pela primeira vez em 1929. Este composto é um derivado popular do khat. Pode ser comprada tanto em lojas físicas como na Internet, onde a sua difusão foi facilitada por um marketing agressivo em linha.

A mefedrona é conhecida por vários nomes: Miaow, Drone, 4-MMC, MD3, Roxy, Mefedron (na Noruega), Krabba (na Suécia), Meow Meow/Miaow Miaow (no Reino Unido), Bubbles (na Escócia), Meph, Rush, Plant feeder, White Magic e Challenge (uma mistura de mefedrona e cetamina).

3.1 Estrutura e mecanismo de ação da mefedrona

A mefedrona é uma molécula psicoactiva desenvolvida para fins de investigação. Produz efeitos estimulantes e empatogénicos semelhantes aos das anfetaminas, metanfetaminas, cocaína e MDMA.

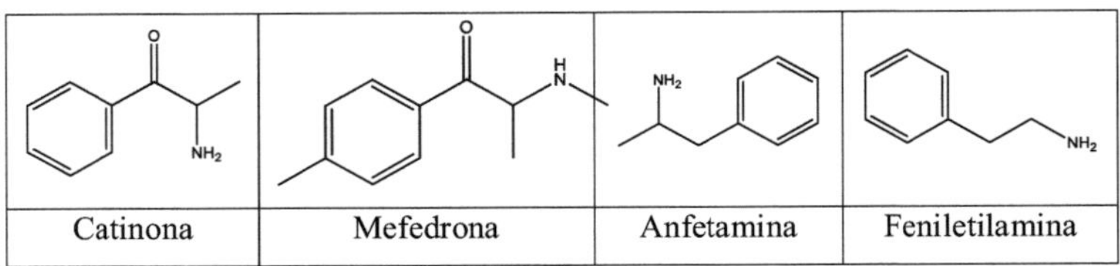

Figura 13: Estrutura do Méphédrone e estruturas similares.

3.1.1 Prevalência de Méphédrone

Um projeto de investigação levado a cabo pelo National Addiction Centre de Londres, envolvendo quase 3000 leitores da revista de dança "Mixmag", revelou que 41,7% dos inquiridos já tinham experimentado mefedrona e que 33,2% a tinham consumido no mês anterior. Estas estatísticas colocam a mefedrona entre as seis drogas mais populares entre os clubbers, depois do tabaco, do álcool, da canábis, do ecstasy e da cocaína.

Em fevereiro de 2010, um inquérito a 1006 pessoas em escolas secundárias e universidades na Escócia revelou que 205 indivíduos (20,3%) tinham consumido mefedrona. Destes, 23,4% tinham-no feito apenas uma vez e 4,4% diariamente.

Os traficantes de rua foram a principal fonte de abastecimento em 48,8% dos casos e a Internet em 10,7%. A introdução da mefedrona no Reino Unido parece estar correlacionada com uma diminuição da pureza do ecstasy e da cocaína. Um estudo universitário confirmou que 20,3% das pessoas interrogadas tinham consumido mefedrona pelo menos uma vez; destes utilizadores, quase um quarto tinha consumido apenas uma vez, enquanto 4,4% consumiam-na diariamente.

3.1.2 Estrutura da Méphédrone

A mefedrona apresenta-se sob a forma de um pó cristalino branco a amarelo-pálido. O seu odor é frequentemente descrito como desagradável, com notas de baunilha misturadas com as de produtos domésticos como lixívia, urina e circuitos eléctricos.
Tal como outros derivados da catinona, a mefedrona tem um único centro quiral, dando origem a duas formas enantioméricas: (S)- e (R)-. O enantiómero (S)- da catinona é geralmente mais ativo do que o (R)-, e o mesmo se aplica provavelmente à mefedrona.
A (S)-4-metilcatinona, o precursor da (S)-mefedrona, é sintetizada por uma reação de acilação.

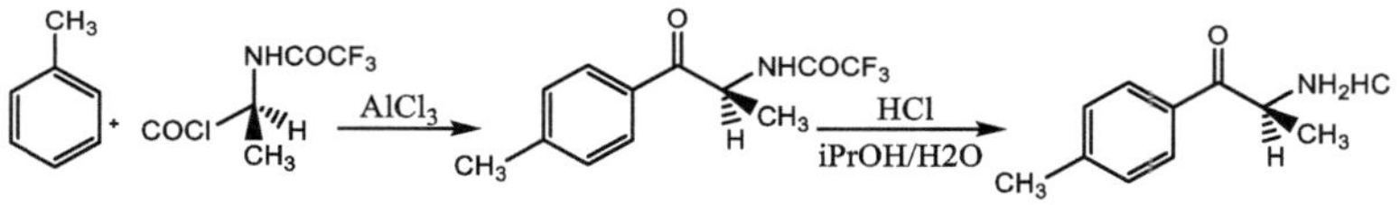

Figura 14: Síntese estereosselectiva da (S)-metilcatinona

3.1.3 Farmacologia da mefedrona

Os estudos *in vitro* sobre os derivados da catinona mostram que o seu principal mecanismo de ação é muito semelhante ao das anfetaminas. Este mecanismo caracteriza-se principalmente por uma ação sobre os transportadores de catecolaminas localizados na membrana plasmática. Tanto as anfetaminas como os derivados da catinona ligam-se aos transportadores de noradrenalina, dopamina e serotonina.
No entanto, estes derivados têm pouco ou nenhum efeito sobre a libertação ou a recaptação da serotonina. Além disso, o seu potencial é geralmente inferior ao das anfetaminas, porque são menos capazes de atravessar a barreira hemato-encefálica.
Os efeitos desejados da mefedrona incluem euforia, empatia, estimulação, percepções sensoriais elevadas, estimulação sexual moderada, melhoria do humor, redução da hostilidade e da insegurança e aumento da clareza mental e das alucinações.
A mefedrona pode ser detectada através de análises à urina, geralmente por cromatografia gasosa e espetrometria de massa. No entanto, não está incluída nos testes normais de deteção de drogas.

3.2 Comércio de Méphédrone

Nos últimos anos, surgiram várias substâncias que imitam os efeitos do ecstasy e das anfetaminas, muitas vezes designadas por "research chemicals", "legal highs", "designer drugs" ou "party pills". Estas drogas estão disponíveis na Internet e são geralmente legais, com exceção da mefedrona. Um estudo revelou que estas drogas legais são compostas principalmente por mefedrona e outros derivados da catinona.
A mefedrona apresenta-se geralmente sob a forma de pó ou de cristais brancos ou amarelados. É frequentemente vendida em pó, mas também em cápsulas ou comprimidos de várias cores, formas e tamanhos. Cada forma comercial tem uma marca diferente e pode ser misturada com outras substâncias, como a cafeína ou o paracetamol, e por vezes com cocaína, anfetaminas ou mesmo cetamina.

A mefedrona pura em pó custa cerca de 15 euros por 500 mg, 19 euros por 1 grama, 129 euros por 100 gramas, 299 euros por 250 gramas e 475 euros por 500 gramas. Os comprimidos de 250 mg são vendidos entre £9 e £10 (€11,45 a €12,70) por dois comprimidos.

3.3 Administração de mefedrona

As principais formas de administração da mefedrona para fins recreativos são por insuflação (sniffing) e por via oral. Por via oral, a mefedrona pode ser ingerida sob a forma de cápsulas ou comprimidos, ou por "bombardeamento" (o processo de embrulhar a mefedrona em papel de cigarro e engoli-la). Como é solúvel em água, pode também ser administrada por via rectal (sob a forma de enema ou cápsula de gelatina) e injectada por via intravenosa, embora estes métodos sejam menos comuns. Alguns utilizadores optam por fumar mefedrona, mas esta prática é minoritária. A via oral é frequentemente preferida devido à maior duração do seu efeito, que pode variar entre 2 e 4 horas, com menos efeitos secundários e uma menor necessidade de voltar a tomar a dose.

A insuflação, por outro lado, é o método mais utilizado porque produz efeitos numa questão de minutos, com um pico de efeito atingido em menos de trinta minutos e uma "descida" rápida. As doses recomendadas para a insuflação variam geralmente entre 25 e 75 mg. O efeito pode ser influenciado pela alimentação, pelo que é aconselhável tomar o medicamento com o estômago vazio. Alguns utilizadores combinam a insuflação com a ingestão oral para obter um efeito rápido e prolongado. A injeção, intramuscular ou intravenosa, requer uma dose mais baixa do que a administração oral e pode ser combinada com outras substâncias, como a heroína ou a cetamina.

3.4 Toxicidade da mefedrona

Quando utilizada para fins recreativos, a mefedrona é frequentemente combinada com outras substâncias psicoactivas, como o álcool, a metilona, a cocaína, a cetamina, o ecstasy, a heroína e a canábis, bem como com estimulantes farmacêuticos como o modafinil e o viagra. Esta substância afecta vários sistemas corporais: influencia a termorregulação e a atividade locomotora, levando a uma descida da temperatura corporal após um aumento súbito, bem como a um aumento da atividade física. Existem também efeitos musculares, como bochechas tensas, tensão muscular moderada e bruxismo.

Em termos cardiovasculares, a mefedrona pode provocar taquicardia, aumento da tensão arterial e dores no peito, bem como causar vasoconstrição periférica, conduzindo a problemas vasculares. Foram registados casos raros de hepatotoxicidade e nefrotoxicidade.

As reacções adversas observadas incluem :

- ✓ Dificuldade em respirar ;
- ✓ Desidratação e boca seca;

- ✓ Náuseas, vómitos, desconforto digestivo e dores abdominais;
- ✓ Sintomas semelhantes aos da gripe ;
- ✓ Erupção cutânea, comichão, pústulas ;
- ✓ Dormência e perda de sensibilidade ;
- ✓ Dores nas articulações ;
- ✓ Descoloração das extremidades e das articulações;
- ✓ Midríase ;
- ✓ Nistagmo ;
- ✓ Dor nasal após insuflação, com coágulos e muco no dia seguinte, bem como ardor e ulceração da boca;
- ✓ Tonturas e vertigens ;
- ✓ Cefaleia cervicogénica súbita ;
- ✓ Tremores e convulsões ;
- ✓ Embriaguez ;
- ✓ Aumento do desejo sexual ;
- ✓ Pesadelos ;
- ✓ Insónia ;
- ✓ Agitação ;
- ✓ Fadiga ;
- ✓ Perda de concentração, problemas de memória e amnésia;
- ✓ Ansiedade ;
- ✓ Paranoia ;
- ✓ Depressão;
- ✓ Alucinações.

Os utilizadores referem que os efeitos adversos aumentam exponencialmente com a utilização intensiva. Embora tenham sido registadas algumas mortes, a mefedrona nem sempre foi identificada como a causa direta; na maioria dos casos, o seu consumo estava associado ao consumo de heroína ou de outras drogas. Um caso notável de agitação extrema seguida de morte foi observado nos Países Baixos.

Em caso de intoxicação por mefedrona, o tratamento consiste num período de observação e na administração de soluções de reidratação e de benzodiazepinas, se necessário.

3.5 Estatuto jurídico da Méphédrone

A regulamentação relativa à mefedrona foi adoptada na sequência de relatórios sobre os riscos para a saúde e os perigos sociais associados a esta substância, bem como do aumento da criminalidade organizada ligada ao seu consumo. A mefedrona é controlada na Alemanha, Suécia, Noruega, Dinamarca, Estónia, Roménia, Irlanda e Israel. Na Finlândia e nos Países Baixos, está classificada como substância medicinal. Em França, foi classificada como estupefaciente por um decreto publicado no Journal officiel em 11 de junho de 2010. No Reino Unido, a mefedrona e outros derivados da catinona são classificados como estupefacientes da classe B desde 16 de abril de 2010.

PARTE VI

KHAT: LEGISLAÇÃO, ECONOMIA E SOCIEDADE

1. Repercussões socioeconómicas do Khat

1.1 Situação do Khat nos países de origem

No Iémen, mais de 80% dos homens consomem khat, frequentemente durante mais de quatro horas por dia, enquanto 50% das mulheres também o fazem. É possível que estes números estejam subestimados, nomeadamente tendo em conta o aumento do consumo entre as mulheres jovens. Um estudo recente indica que 73% das mulheres no Iémen mascam khat de forma regular ou ocasional, e estima-se que 15-20% das crianças com menos de 12 anos também o consomem diariamente. Esta prática tem um impacto significativo na vida social e económica dos utilizadores.

Jamal Al-Shammi, presidente da ONG iemenita Democratic School, salienta que os efeitos nocivos do khat não se limitam à saúde individual. O khat perturba a vida familiar, isolando os membros da família uns dos outros: os pais mastigam separadamente e as crianças ficam entregues a si próprias. Um testemunho anónimo de uma mulher de classe média que consome khat há mais de 15 anos revelou que o marido saía para mascar depois do jantar e só regressava à meia-noite. Para ela, estas sessões eram uma forma de escapar à monotonia quotidiana, deixando os filhos sob a vigilância de uma empregada. Do mesmo modo, um estudo sociológico revelou que o khat é uma das principais causas de divórcio no Djibuti.

O consumo de khat também gera pressão social. As pessoas que não consomem khat podem sofrer uma forma de exclusão social. Além disso, o tempo gasto com o khat tem um impacto negativo na produtividade: as pessoas podem perder a sua dignidade ao aceitarem subornos para financiar o seu consumo.

Algumas famílias dão prioridade à compra de khat em detrimento das necessidades alimentares básicas dos seus filhos, afectando mais de 50% do seu rendimento a esta despesa. Esta situação afecta não só as finanças familiares, mas também a economia nacional.

O Dr. M. Taghi Yasamy, Administrador Regional para a Saúde Mental e o Abuso de Substâncias na Região Mediterrânica, observa que o consumo de khat provoca insónias, leva a um despertar tardio e, por conseguinte, reduz o tempo de trabalho e o desempenho, com repercussões económicas significativas.

Consequentemente, o consumo de khat leva a uma redução das horas de trabalho e do rendimento, o que aumenta o risco de subnutrição nas famílias. Além disso, os estudos mostram que os hábitos relacionados com o khat reduzem a produtividade em países como a Etiópia, a Somália, o Uganda, o Quénia e o Djibuti.

Para contrariar os efeitos do cultivo do khat, as autoridades etíopes incentivaram a substituição das culturas de khat por culturas alternativas, como o café.

1.2 Situação do Khat nos países ocidentais

A expansão do consumo de khat nos países ocidentais está ligada à melhoria dos meios de transporte e ao aumento do número de migrantes provenientes das regiões produtoras de khat. Na Austrália, por exemplo, as importações de khat passaram de 70 kg em 1997 para 18.830 kg em 2007. Este aumento coincide com um aumento de 187% da população proveniente da África Subsariana. Por conseguinte, é fundamental acompanhar de perto esta tendência.

Nos Países Baixos, os estudos sobre o impacto social do khat indicam que esta substância não está associada a incidentes de comportamento problemático, ao desenvolvimento da criminalidade organizada ou a efeitos negativos significativos para a saúde.

No Reino Unido, considera-se que o consumo de khat tem um impacto relativamente menor do que o do álcool. No entanto, uma investigação mais pormenorizada mostra que o khat é importado por via aérea, principalmente através do aeroporto de Heathrow, da Etiópia, do Quénia e do Iémen. Em 2010, foram importadas cerca de 57,7 toneladas de khat por semana, embora este número possa estar subestimado devido a uma subnotificação. É de notar que parte deste khat se destina a outros mercados na Europa ou nos Estados Unidos. Desde a década de 1990, as importações

aumentaram consideravelmente, passando de menos de 7 toneladas por semana na altura.
No Reino Unido, o consumo de khat é observado principalmente entre os migrantes da África Oriental e da costa do Mar Vermelho, incluindo somalis, etíopes, quenianos e iemenitas. Para estas comunidades, o khat desempenha um papel social importante, facilitando a coesão comunitária e as relações comerciais.
As sessões de consumo de khat reforçam os laços sociais e podem ajudar a estabelecer redes profissionais, facilitando a procura de emprego. A prática é vista como um passatempo cultural de pouca importância.
No entanto, o consumo de khat pode causar problemas sociais. O tempo gasto a mastigar e a recuperar após as sessões pode limitar as oportunidades de emprego nas comunidades somalis, etíopes e iemenitas. As perturbações do sono associadas ao consumo de khat podem também constituir um obstáculo ao emprego. As ligações entre o khat e a criminalidade são fracas, sendo as perturbações da ordem pública geralmente limitadas a comportamentos como cuspir pedaços de khat e realizar reuniões na rua. No entanto, existem associações entre o consumo de khat e casos de violência, nomeadamente doméstica e conjugal, bem como psicose induzida pelo consumo. Na Dinamarca, por exemplo, dois terços dos homens que consomem muito khat divorciaram-se.
Por último, a grande proporção do rendimento gasto em khat nos agregados familiares com baixos rendimentos é motivo de preocupação, especialmente entre as mulheres.
A integração dos migrantes nas sociedades de acolhimento é afetada por uma série de factores, incluindo a língua, que constitui uma barreira mais significativa do que o consumo de khat.

2. Aspectos jurídicos do Khat

O khat é largamente consumido nas regiões em redor do Mar Vermelho, como a Etiópia, o Quénia, a Tanzânia, a Somália e o Djibuti, mas a prática atinge o seu nível mais elevado no Iémen. Em muitos países islâmicos, como o Iémen, a Somália e o Djibuti, bem como em comunidades muçulmanas da Etiópia e do Quénia, o khat é

legal, o que faz dele a substância de eleição. Ao contrário do álcool, o khat não é explicitamente proibido pelas instituições religiosas nestas regiões.
No entanto, alguns países muçulmanos, como a Arábia Saudita, proíbem o khat por razões religiosas e económicas. As penas por posse e consumo de khat são semelhantes às aplicadas ao ópio ou à canábis.
Na Somália, a União dos Tribunais Islâmicos, que assumiu o poder em 2006, proibiu o khat, embora o seu consumo persista no sul do país apesar desta proibição.
No Djibuti, na Somalilândia e no Iémen, bem como no Uganda, o khat é legal, embora a legislação no Uganda seja muitas vezes pouco clara. Na Eritreia e na Tanzânia, pelo contrário, o consumo de khat é ilegal.

A diferença de tratamento do khat em relação a outras substâncias, como o ópio ou a cannabis, pode ser explicada pelo facto de o khat não provocar comportamentos anti-sociais significativos. É frequentemente comparado às anfetaminas ou à cafeína em termos dos seus efeitos. Na Etiópia e nos países vizinhos, o consumo de khat é visto como um encontro social, semelhante ao consumo de álcool nos países ocidentais.

Na Europa, o khat é geralmente visto com desconfiança. Esta atitude deve-se, em parte, ao seu modo de utilização pouco atrativo e à sua potência relativamente baixa em comparação com as anfetaminas. No entanto, é importante desenvolver medidas preventivas para evitar a propagação deste hábito, nomeadamente entre as populações imigrantes. No Reino Unido, por exemplo, o khat é legal, e os mercados e as redes de distribuição estão bem estabelecidos. Algumas pessoas na Europa, incluindo expatriados que vivem no Iémen, também adoptaram esta prática.
O khat está classificado como estupefaciente em alguns países, como a França, onde foi classificado por decreto ministerial de 20 de fevereiro de 1957. Na Europa, a legislação sobre o khat varia consideravelmente: é proibido na Suíça, Suécia, Dinamarca, Itália, Alemanha e Finlândia, mas tolerado no Reino Unido e nos Países Baixos.
Fora da Europa, o khat é ilegal nos Estados Unidos, na Austrália, na Nova Zelândia, na Noruega e no Canadá. No entanto, Chipre, a República Checa, a Grécia, Malta, os Países Baixos, o Reino Unido, a Espanha e Portugal não dispõem de legislação específica sobre o khat.

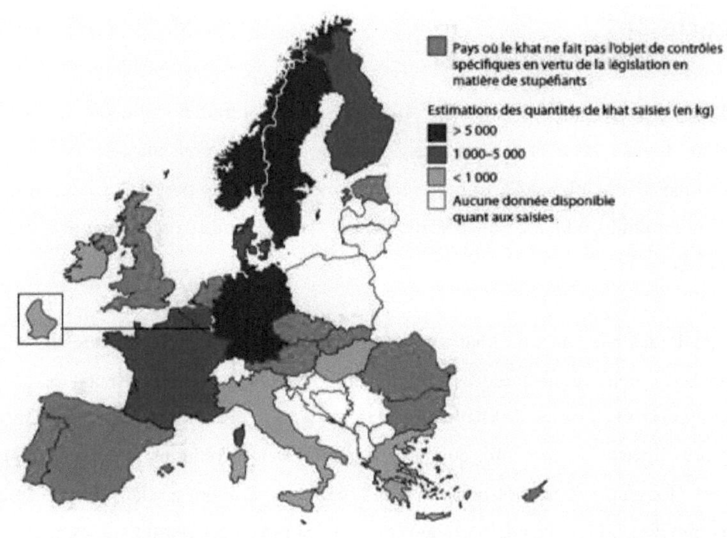

Figura 15: Estatuto jurídico do khat nos Estados-Membros da UE e na Noruega e estatísticas de apreensão

Nota: A Hungria não controla o khat, mas tem dados sobre convulsões devido ao controlo da catinona.

Conclusão

O khat, uma planta endémica da África Oriental, é tradicionalmente consumido durante longas sessões de mastigação. O seu cultivo concentra-se nas regiões montanhosas dos planaltos, que oferecem condições ideais para o seu crescimento. Uma vez colhido, o khat é transportado para as cidades, onde é objeto de um comércio lucrativo.

Os alcalóides presentes no khat têm efeitos eufóricos e estimulantes que são muito procurados pelos consumidores. No entanto, esta planta não é isenta de efeitos indesejáveis. O consumo de khat provoca efeitos a curto prazo, como insónias, letargia, tremores ligeiros e depressão, que podem evoluir para problemas de saúde graves a médio e longo prazo para os consumidores regulares. Embora a relação direta entre o consumo de khat e certas doenças graves nem sempre esteja claramente estabelecida, é difícil excluir completamente o papel do khat no desenvolvimento dessas doenças.

A investigação tem explorado os alcalóides do khat para o desenvolvimento de produtos farmacêuticos. No entanto, muitos tratamentos derivados do khat, como os anorexígenos, tornaram-se obsoletos. Atualmente, apenas um medicamento para deixar de fumar continua a ser relevante, mas é considerado um tratamento de segunda ou terceira linha. No entanto, as propriedades citotóxicas recentemente descobertas do khat estão a gerar um interesse crescente no seu potencial como agente de quimioterapia. Ao mesmo tempo, surgiram moléculas sintéticas derivadas do khat, como a mefedrona. Estas drogas sintéticas estão a espalhar-se em alguns países europeus, como o Reino Unido e os Países Baixos, em parte devido à menor qualidade das outras drogas e ao seu preço relativamente baixo, o que as torna populares entre os jovens.

A legislação sobre o khat varia consideravelmente em todo o mundo. No mundo árabe, na Europa e na América, cada país aplica as suas próprias regras. A França inscreveu o khat na lista dos estupefacientes em 1957. No Iémen, o consumo de khat tem um impacto significativo na vida social e económica, nomeadamente a nível familiar.

Na Europa, o khat é principalmente introduzido por migrantes provenientes de regiões onde é habitualmente consumido. O Reino Unido, devido à sua legislação e ao seu passado colonial, é particularmente afetado por estas importações.

Embora a forma como o khat é consumido não seja muito atractiva em climas temperados, os seus efeitos físicos, como a descoloração dos dentes, podem dissuadir algumas pessoas. O efeito eufórico do khat continua a ser atrativo para alguns indivíduos. Por conseguinte, é importante controlar as drogas sintéticas derivadas do khat. Estas substâncias, difíceis de detetar e frequentemente tomadas sob a forma dissolvida ou inalada, estão a tornar-se cada vez mais populares e merecem uma atenção especial.

O debate sobre o khat oscila entre a perceção da sua utilização como um simples estimulante social e preocupações mais sérias sobre os seus efeitos na saúde mental e física. Para alguns, o khat é visto como uma substância com efeitos alucinogénios ligeiros, alimentando estados alterados de consciência que podem levar a episódios de desconexão da realidade, ou mesmo a alucinações em utilizadores crónicos. Estes efeitos, embora marginais para alguns utilizadores, levantam questões sobre a segurança psicológica a longo prazo.

Por outro lado, estudos recentes exploram o potencial terapêutico do khat, nomeadamente no que diz respeito às suas propriedades citotóxicas, o que poderia abrir novas vias para o tratamento de certas formas de cancro. No entanto, estas hipóteses terapêuticas estão ainda numa fase embrionária e necessitam de uma investigação aprofundada para distinguir os verdadeiros benefícios potenciais dos riscos inerentes ao consumo desta planta. Os mistérios que rodeiam o khat, oscilando entre a alucinação e a terapia, reflectem a complexidade desta planta multifacetada, cujo impacto na saúde pública continua a ser objeto de um intenso debate.

REFERÊNCIAS BIBLIOGRÁFICAS

1. Mohamed Abdoul-Latif, F., Ainane, A., Merito, A., Houmed Aboubaker, I., Mohamed, H., Cherroud, S., & Ainane, T. (2024). Os efeitos da mastigação de Khat entre os Djibutianos: estudos químicos dentários, análises histopatológicas gengivais e abordagens bioinformáticas. *Bioengenharia*, *11* (7), 716.
2. Mohamed Abdoul-Latif, F., Ainane, A., Houmed Aboubaker, I., Merito Ali, A., El Montassir, Z., Kciuk, M., ... & Ainane, T. (2023). Composição química do óleo essencial de *Catha edulis* Forsk de Djibouti e suas investigações toxicológicas *in vivo* e *in vitro*. *Processes*, *11* (5), 1324.
3. Ayano, G., Ayalew, M., Bedaso, A., & Duko, B. (2024). Epidemiology of Khat (*Catha edulis*) chewing in Ethiopia: a systematic review and meta-analysis. *Journal of psychoactive drugs*, *56* (1), 40-49.
4. Wood, E. A., Case, S. J., Collins, S. L., Stark, H., & Wilfong, T. (2024). Do tradicional ao transacional: exploração do uso do khat na Etiópia através de uma análise fenomenológica interpretativa. *BMC Public Health*, *24* (1), 1887.
5. Ademe, B. W., Brimer, L., Dalsgaard, A., & Belachew, T. (2020). Riscos químicos e microbiológicos do Khat (*Catha edulis*) do campo à mastigação na Etiópia. *GSC Biological and Pharmaceutical Sciences*, *11* (1), 024-035.
6. Omare, M. O. (2020). Tendências contemporâneas no uso de khat para fins recreativos e suas possíveis implicações para a saúde. *Jornal da Biblioteca de Acesso Aberto*, *7* (12), 1.
7. Weyesa, G. W. (2021). Práticas e desafios da aplicação de pestisídeos na Fazenda Khat, o caso de Kersa Woreda, Zona Jimma, sudoeste da Etiópia. *Sci Dev*, *2* (1), 7-14.
8. Szendrei, K. (1980). A química do khat. *Bull Narc*, *32* (3), 5-35.
9. Getasetegn, M. (2016). Composição química de *Catha edulis* (khat): uma revisão. *Phytochemistry Reviews*, *15*, 907-920.
10. Armstrong, E. G. (2008). Research note: Crime, chemicals, and culture: On the complexity of khat. *Journal of Drug Issues*, *38* (2), 631-648.
11. Ademe, B. W., Brimer, L., Dalsgaard, A., & Belachew, T. (2020). Riscos químicos e microbiológicos do Khat (*Catha edulis*) do campo à mastigação na Etiópia. *GSC Biological and Pharmaceutical Sciences*, *11* (1), 024-035.
12. Engidawork, E. (2017). Efeitos farmacológicos e toxicológicos de *Catha edulis* F. (Khat). *Pesquisa em Fitoterapia*, *31* (7), 1019-1028.
13. Valente, M. J., Guedes de Pinho, P., de Lourdes Bastos, M., Carvalho, F., & Carvalho, M. (2014). Khat e catinonas sintéticas: uma revisão. *Arquivos de toxicologia*, *88*, 15-45.

14. Basker, G. V. (2013). Uma revisão sobre os perigos da mastigação de khat. *Int J Pharm Sci, 5* (3), 74-77.

APÊNDICES

Apêndice 1: Glossário botânico

Apêndice 2: Classificação APG

Apêndice 3: Comparação das estruturas químicas dos alcalóides do khat com as
estruturas da anfetamina e do ecstasy (MDMA)

Apêndice 4: Alcalóides do khat

Apêndice 5: As catedulinas do khat

Apêndice 6: Triterpenos quinonas

Apêndice 1: Glossário botânico

Acuminado (n.m.) (acuminado)

Diz-se de um órgão, geralmente uma folha ou um pecíolo, cuja extremidade termina abruptamente numa ponta fina, mais ou menos alongada. Por exemplo, as folhas da bétula (Betula), da pereira (Pyrus) e da tília (Tilia) apresentam frequentemente esta caraterística.

Albumina (s.m.) (albumina, endosperma)

Tecido de reserva que se encontra na semente das Angiospérmicas, localizado à volta do embrião. Desempenha um papel fundamental no fornecimento dos nutrientes necessários para o desenvolvimento inicial do embrião. Este tecido é formado pela fusão de um dos gâmetas masculinos com os dois núcleos centrais do saco embrionário, formando um zigoto acessório com um nível variável de ploidia. Em seguida, divide-se para criar um sincício (albumina nuclear) ou um tecido celular (albumina celular). Nas sementes albuminosas, como o milho e a mamona, o albúmen persiste, enquanto que nas sementes exalbuminosas, como o feijão e a ervilha, ele é temporário. As reservas químicas do albúmen variam: amido (cereais), gorduras (coco, rícino), hemiceluloses (tâmaras), proteínas (ervilhas, rícino).

Antera (n.f.) (antera)

Parte terminal e geralmente alargada de um estame, que contém os grãos de pólen em dois alvéolos polínicos, cada um formado pela fusão de dois sacos polínicos (equivalentes a micrósporos). As células-mãe diplóides destes sacos polínicos sofrem meiose para formar micrósporos haplóides, que se desenvolvem em grãos de pólen (gametófitos masculinos).

Ápice (n.s.) (ápice)

A parte terminal de um órgão vegetal, como um caule ou uma raiz, que contém o meristema apical, responsável pelo crescimento em comprimento do órgão. O ápice é crucial para o crescimento e desenvolvimento dos órgãos vegetais.

Arille (n.m.) (aril)

Crescimento tegumentar que se desenvolve à volta de certas sementes maduras, mas que não adere ao tegumento exterior. O arilo nasce na base do funículo, no hilo. É frequentemente carnudo e pode ser de cor viva, como o vermelho, cobrindo por vezes quase completamente a semente. Um exemplo é o arilo do teixo (*Taxus baccata*).

Bráctea (s.f.) (bráctea)

Pequena estrutura folhosa ou membranosa, muitas vezes de cor diferente da das folhas, localizada nas axilas das flores ou inflorescências em algumas espécies. As brácteas não são nem sépalas nem pétalas. Podem ser :

- ✓ **Forma**: Podem ser simples ou muito desenvolvidas, atingindo grandes dimensões.
- ✓ **Exemplos**:
  - ➢ As "folhas" comestíveis da alcachofra são brácteas.
  - ➢ As *brácteas* coloridas das flores *da buganvília* são muito decorativas.
  - ➢ Em alguns casos, formam um **colar** à volta da flor.
  - ➢ As brácteas grandes e coriáceas são chamadas **espátulas**, como as do milho.

Caduco (caducifólia) (adj.) (caduco, caducifólia)

Refere-se a um órgão (folha, sépala, pétala, etc.) que morre e se desprende depois de ter cumprido a sua função durante cada ciclo de vida anual. Os órgãos decíduos renovam-se em cada estação:

- ✓ **Exemplos**:
  - ➢ As folhas do castanheiro (*Castanea*) caem no outono.
  - ➢ As sépalas da papoila (*Papaver*) desprendem-se após a floração.
  - ➢ As folhas do ácer (*Acer*) e da faia (*Fagus*) também são caducas.

Sinónimo: Décidu

Antónimo: Persistente

Cálice (s.m.) (calyx, pl. calyces)

Revestimento exterior da flor, geralmente verde, constituído por todas as sépalas, que cobre a base da corola. Pode ser :

- **Tipo de sépalas** :
  - **Livre**: Não fundido (por exemplo, Wallflower, Ranunculus).
  - **Soldado**: Parcialmente fundido (por exemplo, Menta, Cravo).
  - **Petalóides**: Coloridos como pétalas (por exemplo, tulipa, alho).
- **Caraterísticas** :
  - **Possivelmente** persistentes (permanecem fixas após a floração, por exemplo, macieira) ou **caducas** (desprendem-se após a floração, por exemplo, papoila).
  - Possivelmente **acrescentada** (crescimento após fertilização).

Cápsula (n.f.) (cápsula, caixa de sementes)

Fruto seco deiscente das Angiospérmicas, formado por um gineceu sincarpo, que se abre para libertar as sementes. As cápsulas podem abrir-se de diferentes formas:

- **Tipos de deiscência** :
  - **Válvulas**: Secções que se separam para libertar as sementes (por exemplo: papoila - *Papaver somniferum*).
  - **Poros**: Pequenas aberturas (por exemplo, genciana - *Gentiana* sp.).
  - **Por dentes ou tampa**: Algumas cápsulas são abertas por dentes ou por uma tampa.

Cotilédone (n.m.) (cotilédone)

Folha(s) primordial(ais) presente(s) no embrião das espermáfitas, desempenhando um papel crucial na germinação:

- **Monocotiledóneas**: têm um único cotilédone (por exemplo, Orchidaceae, Liliaceae, Poaceae, Arecaceae).
- **Dicotiledóneas**: têm dois cotilédones (por exemplo, Rosaceae, Fabaceae, Solanaceae).
- **Função** :
  - **Sementes albuminosas**: Os cotilédones são folhosos (por exemplo, óleo de rícino) e armazenam reservas.
  - **Sementes exalbuminadas**: Os cotilédones acumulam substâncias de reserva (por exemplo, feijão).

- ✓ **Germinação** :
  - ➢ **Epígea** : Os cotilédones são transportados acima do solo e efectuam a fotossíntese (por exemplo, feijão, faia).
  - ➢ **Hipogénea**: Os cotilédones permanecem no solo, fornecendo reservas de nutrientes (por exemplo, fava, carvalho).
- ✓ **Gimnospérmicas**: Podem ter até uma dúzia de cotilédones.

Cyme (n.f.) (cyme)

Tipo de inflorescência em que um eixo principal dá origem a uma flor terminal, com eixos secundários que se ramificam de ambos os lados da mesma forma:

- ✓ **Cima uniparético**: Os eixos laterais desenvolvem-se apenas num lado. Dois subtipos:
  - ➢ **Cima escorpioide**: Os eixos laterais aparecem sempre do mesmo lado, como um toro desenrolado (por exemplo, *Solanum tuberosum*).
  - ➢ **Ciclo helicoidal**: Os eixos laterais aparecem alternadamente em cada lado.
- ✓ **Cima bipartida**: Os eixos laterais são opostos (por exemplo, linho - *Linum*, *saponária* - *Saponaria*).
- ✓ **Cyme Multipare**: Vários eixos laterais partem do mesmo ponto do eixo principal.

Deiscência (adj.) (dehiscent)

Refere-se a um órgão (fruto, antera, esporângio) que se abre por si só na maturidade para libertar o seu conteúdo (sementes, pólen, esporos):

- ✓ **Modos de deiscência** :
  - ➢ **Opercular**: Por um opérculo.
  - ➢ **Apical ou poricida**: Através de poros na parte superior (por exemplo, certas cápsulas).
  - ➢ **Loculicida**: Abertura na parte de trás dos alojamentos carpelares (por exemplo, Pansy, Tulipa).
  - ➢ **Septicida** : Ao longo dos septos entre os alojamentos (por exemplo, Colchicum, Genciana).

- **Septifrage**: Separação ao longo dos septos, mas o fruto permanece ligado.

Dichasial (adj.) (dichasial)

Relativo a uma inflorescência **de dicásio** :

- ✓ **Dicásio**: Inflorescência em que cada eixo floral se divide em dois ramos laterais, cada um com uma flor terminal.
- ✓ **Dupla ramificação**: A partir de um botão terminal, a inflorescência ramifica-se em dois eixos, cada um continuando a ramificar-se da mesma forma.
- ✓ **Exemplo**: As cimas dicásicas são típicas de certas espécies como a **Gypsophila**.

Disque (s.m.) (disco, disco)

Órgão glandular, frequentemente achatado, situado à volta do pistilo em certas flores dicotiledóneas :

- ✓ **Função**: Produz néctar, que atrai os polinizadores.
- ✓ **Posição**: Acima do recetáculo floral e abaixo dos estames e do pistilo.
- ✓ **Exemplo**: Nas **Rutáceas**, como os limoeiros e as laranjeiras.
- ✓ **Disco intrastaminal**: Disco situado no interior dos estames, frequentemente no centro das flores.

Drupa (n.f.) (drupa)

Fruto indeiscente com uma estrutura distinta:

- ✓ **Epicarpo**: Membranoso, a casca exterior do fruto.
- ✓ **Mesocarpo**: articulado e polposo, a parte comestível do fruto.
- ✓ **Endocarpo**: Esclerificado e duro, forma o núcleo que envolve a semente.
- ✓ **Exemplos**:
  - **Damasco** (*Prunus armeniaca*)
  - **Cereja** (*Prunus cerasus*)
  - **Pêssego** (*Prunus persica*)
  - **Azeitona** (*Olea europaea*)
- ✓ **Drupa composta**: Formada por várias drupas, designadas **por polidrupas** (por exemplo, framboesa).

Ereto (adj.) (na vertical)

Refere-se a uma planta ou parte de uma planta que é erecta ou alta, erguendo-se verticalmente:

- ✓ **Exemplo**: Caules erectos de certas plantas, como o **abelhão** ou **os girassóis.**

Etamina (n.f.) (estame)

O órgão masculino de uma flor, composto por duas partes principais:

- ✓ **Filete**: Parte alongada e fina que suporta a antera.
- ✓ **Antera**: parte terminal inchada onde os grãos de pólen são produzidos em sacos polínicos (microsporângios), muitas vezes organizados em duas caixas separadas por um conectivo.
- ✓ **Número de estames**: Varia consoante a espécie, podendo ir de um (por exemplo, Orchis) a várias dezenas (por exemplo, Buttercup).
- ✓ **Tipo de flores** :
    - ➢ **Flores estaminadas** : Têm apenas estames e não têm pistilo.

Extrorse (adj.) (extrorse)

Refere-se às anteras dos estames que se abrem para o exterior da flor, permitindo a dispersão do pólen para o exterior.

- ✓ **Exemplos**: anteras **de anémonas** (Renonculaceae), ***Papaver rhoeas*** (Papaveraceae).

Fascicular (adj.) (fascicular, fasciculado)

Órgãos semelhantes dispostos em feixes, ou seja, agrupados pelas suas extremidades num único ponto comum.

- ✓ **Exemplo**: raízes de **Poaceae** (gramíneas), que podem emergir num feixe a partir de um ponto central.

Fimbrié (adj.) (fimbriado)

Diz-se da margem de um órgão, como uma folha ou uma pétala, quando está finamente cortada em elementos simples ou fimbrilhas, semelhantes a uma franja.

- ✓ **Exemplo**: Pétalas de **cravos** (*Dianthus superbus*).

Glabro (adj.) (glabro, liso)

Órgão com uma superfície lisa e sem pêlos ou crescimentos.

- ✓ **Exemplos**: folhas **de buxo** (*Buxus sempervirens*), **couve** (*Brassica oleracea*), **alcaçuz** (*Glycyrrhiza glabra*).
- ✓ **Antónimo**: Pubescente, peludo.

Inferior (adj.) (inferior)

Ovário ou fruto situado abaixo do nível de inserção das outras partes florais (pétalas, sépalas, estames).

- ✓ **Exemplos**: ovários **de Apiaceae** (por exemplo, cenouras), **Orchidaceae**, **groselhas** (Ribes).

Inflorescência (n.f.) (inflorescência)

Grupo de flores que formam um conjunto organizado e muitas vezes morfologicamente distinto.

Intruso (adj.) (introrse)

Diz-se de um estame cuja antera se abre para o interior da flor.

- ✓ **Exemplo**: anteras *de Campânula*.

Latrorse (adj.) (latrorse)

Diz-se de um estame cuja antera se abre lateralmente, muitas vezes em direção a outras anteras e não para o exterior.

- ✓ **Exemplo**: Algumas anteras **de fúcsia**.

Ortotrópico (adj.) (ortotrópico)

1. **Óvulo ortotrópico**: Óvulo em que o hilo, a calaza e a micrópila estão alinhados verticalmente, com a micrópila diretamente oposta ao funículo.
    - ➢ **Exemplo**: Muitas **gimnospérmicas**, óvulo **de urtiga** (*Urtica*).
2. Por extensão, um eixo quase vertical ou reto.

Panícula (n.f.) (panícula)

Tipo de inflorescência indefinida caracterizada por um conjunto de cachos, com várias flores em cada pedúnculo. Muitas vezes de forma piramidal ou cónica.

- ✓ **Exemplos**: Inflorescência masculina do **milho** (*Zea mays*), **aveia** (*Avena*).

Pédoncule (n.m.) (pedúnculo)

Eixo floral ou frutífero. No contexto de uma inflorescência, o pedúnculo é o eixo principal, enquanto os pedicelos são os eixos mais finos que transportam as flores individuais.

- ✓ As flores e os frutos sem pedúnculo são ditos **sésseis**.

Penné, Pennati- (ou Pinnati-) (adj.)

Refere-se à venação em que as veias secundárias estão dispostas regularmente de cada lado de uma veia principal.

- ✓ **Por exemplo**: uma folha **pennatinervada**.

Pericarpo (n.s.) (pericarpo)

Parede de um fruto maduro, geralmente dividida em três camadas:

- ✓ **Epicarpo**: Externo, frequentemente fino.
- ✓ **Mesocarpo**: Intermediário, carnoso e comestível em certos frutos.
- ✓ **Endocarpo**: Parte interna, frequentemente dura, que contém a semente.

Pétala (s.m.) (pétala)

A parte colorida e muitas vezes de forma variável do perianto que forma a corola e desempenha um papel na atração dos polinizadores.

- ✓ As pétalas podem ser :
  - ➢ **Livre** (dialipétalo), como na **macieira**.
  - ➢ **Subitamente fundidas** (gamopétalas), como na **borragem**.
  - ➢ **Ausentes** (apetais), como nas **urtigas**.

Pecíolo (s.m.) (pecíolo, talo de folha)

A parte estreita da folha que liga a lâmina ao caule. Contém os tecidos condutores que irrigam a lâmina foliar.

- ✓ As folhas sem pedúnculo são ditas **sésseis**.

Plagiotropo (adj.) (plagiotrópico)

1. Trata-se de ramos ou partes de plantas com uma orientação oblíqua, frequentemente próxima da horizontal, o que leva a uma diferenciação entre as faces superior e inferior.
   - ➢ **Exemplo**: **Cedro do Líbano** (*Cedrus libani*), ***Araucária excelsa***.
2. Também utilizado para descrever rizomas que crescem horizontalmente.

Racemo (n.m.) (racemo)

Tipo de inflorescência em que as flores se apresentam em pedicelos de comprimento variável ao longo de um eixo principal.

- ✓ **Exemplo**: **Racemo** de certas **Liliáceas**.

Reticulado (adj.) (em rede, reticulado(d))

1. Refere-se à venação em que as veias estão entrelaçadas como uma rede.
   - ➢ **Exemplo**: a venação nas **dicotiledóneas**.
2. Pode também referir-se à forma como determinados vasos formam uma rede.

Samare (n.f.) (samara)

Fruto seco, indeiscente, com uma asa membranosa desenvolvida a partir do epicarpo, o que facilita a sua dispersão pelo vento.

- ✓ **Exemplos**: **Ácer** (*Acer pseudoplatanus*), **Freixo** (*Fraxinus*), **Ulmeiro** (*Ulmus*).

Schizocarp (n.m.) (esquizocarpo)

Fruto seco, indeiscente, que nasce de um ovário composto por vários carpelos fundidos. Quando maduros, os toros transformam-se em aquénios, que se separam uns dos outros mas permanecem ligados a um eixo comum chamado carpóforo. Cada aquénio é um mericarpo.

- ✓ **Exemplos**: Frutos das **Malvaceae** (como o hibisco) e das **Geraniaceae** (como o gerânio).

Sempervirent (adj.) (sempervirent, evergreen)

Refere-se a uma árvore ou arbusto cujas folhas permanecem verdes durante várias épocas de crescimento. A folhagem é sempre verde, embora algumas folhas possam ser caducas. A desfoliação é distribuída ao longo do tempo, mascarada pelo crescimento contínuo de novas folhas.

- ✓ **Exemplo**: A maioria das **coníferas** (como o pinheiro e o abeto).
- ✓ **Antónimo**: Caducifólia (ou caducifólia).

Sepal (n.m.) (sépala)

A parte componente da flor, geralmente de cor verde, situada no exterior da corola e que forma o cálice. As sépalas podem ser :

- ✓ **Livres** uns dos outros (cálice dialipétalo),
- ✓ **Estão fundidos** entre si (cálice gamossépico),
- ✓ **Ausente** em alguns casos (como no **trigo**).
- ✓ Por vezes, as sépalas assemelham-se às pétalas (tepalóides) ou são idênticas às pétalas (tépalas).

Serrilhado (adj.) (serrate)

Diz-se de um órgão com margens serrilhadas, semelhantes a dentes de serra.

- ✓ **Exemplo**: Os bordos de certas folhas, como a **urtiga**.

Estigma (n.m.) (estigma)

Extremidade glandular e pegajosa do estilete ou da parte apical do pistilo, adequada para receber os grãos de pólen.

- ✓ **Exemplo**: estigma **da papoila** (*Papaver rhoeas*), *tulipa* (*Tulipa*).

Estípula (n.f.) (stipule)

Apêndice foliáceo ou escamoso, por vezes espinhoso ou glandular, situado aos pares na base do pecíolo das folhas de certas espécies. As estípulas podem ser caducas ou perenes.

- ✓ **Exemplos**: Estípulas da **ervilha** (*Pisum sativum*), **da silva** (*Rubus*), **do trevo** (*Trifolium*).
- ✓ Em alguns casos, as estípulas podem ser muito desenvolvidas ou substituir as folhas, que se transformaram em espinhos (como no ***Galium***).

Estilo (n.s.) (estilo)

A parte alongada e afilada do pistilo que se estende do ovário, com o estigma na sua extremidade. Em algumas flores, o estilete pode estar ausente, estando o estigma diretamente ligado ao ovário.

- ✓ **Exemplos**: **Papoilas** (*Papaver rhoeas*), **Tulipas** (*Tulipa*).

Super (adj.) (superior)

Ovário cuja inserção se situa acima do nível das outras partes florais (sépala, pétala, estame). Neste caso, diz-se que a flor é hipógina ou superovariada.

- ✓ **Exemplos**: *Ranunculus*, *Lycopersicon esculentum*.
- ✓ **Antónimo**: Infere.

Tegumento (s.m.) (tegumento, tegumento)

1. Cobertura protetora de um órgão, como um óvulo, uma semente ou um fruto.
2. Invólucro que envolve o óvulo e que, na maturidade, se transforma na testa ou no invólucro da semente. Pode ter uma variedade de texturas e cores, com protuberâncias que facilitam a disseminação.
    - ➢ **Exemplos**: garça **de dente-de-leão** (*Taraxacum*), asa de **pinheiro** (*Pinus*).

Thyrse (n.s.) (thyrse, thyrsus)

Tipo de inflorescência composta em que os cimos estão agrupados num cacho. O aspeto geral é o de um cacho piramidal ou ovoide.

- ✓ **Exemplos**: **Tirolês** (*Syringa*), **Alfeneiro** (*Ligustrum*).

Verticille (n.m.) (verticilo, verticilo)

Grupo de órgãos semelhantes (folhas, sépalas, pétalas, estames) dispostos em círculo ao mesmo nível em torno ou no topo de um eixo. Geralmente, há pelo menos três elementos num verticilo.

- ✓ **Exemplos**: agulhas de **zimbro comum** (*Juniperus communis*), folhas espiraladas em três de ***Erica verticillata*** (Ericaceae) e **oleandro** (*Nerium oleander*, Apocynaceae).
- ✓ **Nota**: O termo verticilo pode ser aplicado a vários elementos anatómicos, enquanto o termo ciclo é utilizado principalmente para as partes florais.

Apêndice 2: Classificação APG.

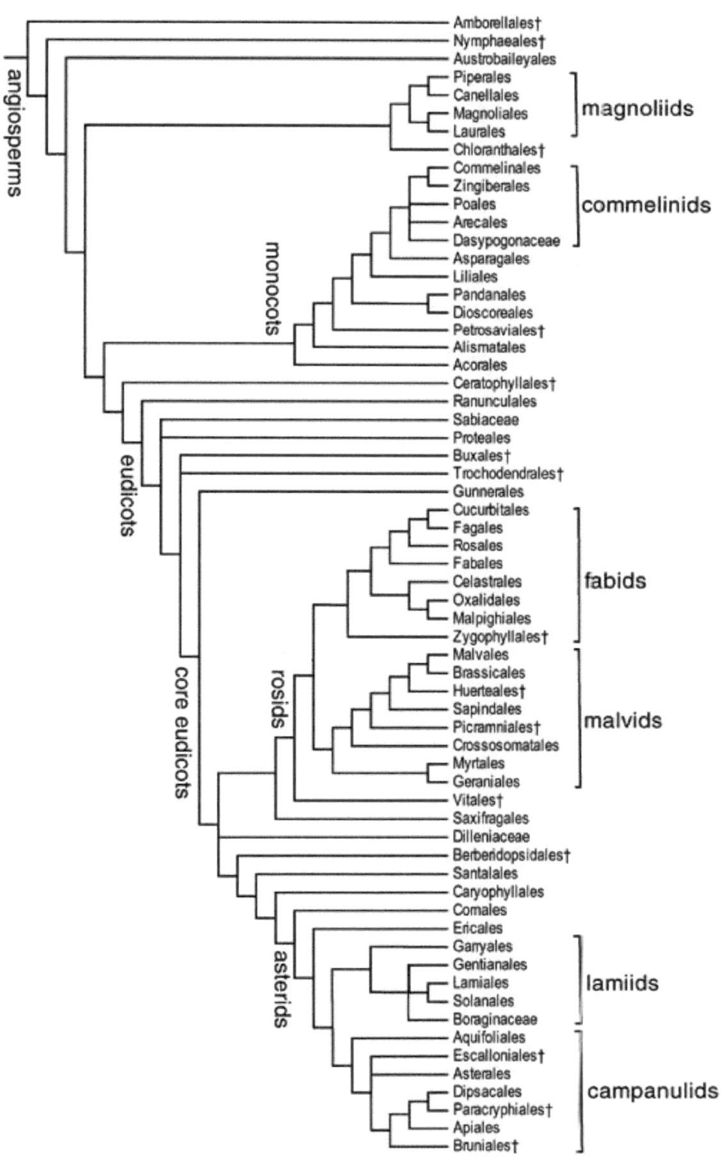

Apêndice 3: Comparação das estruturas químicas dos alcalóides do khat com as estruturas da anfetamina e do ecstasy (MDMA).

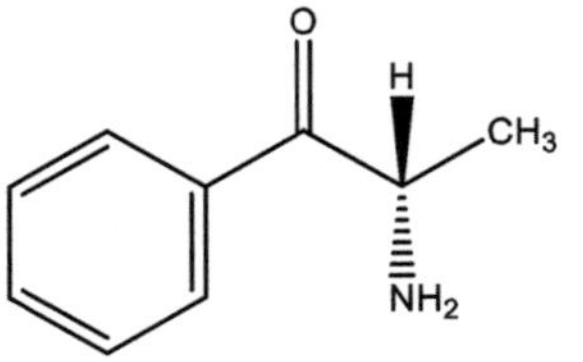 **S-(-) Cathinone**	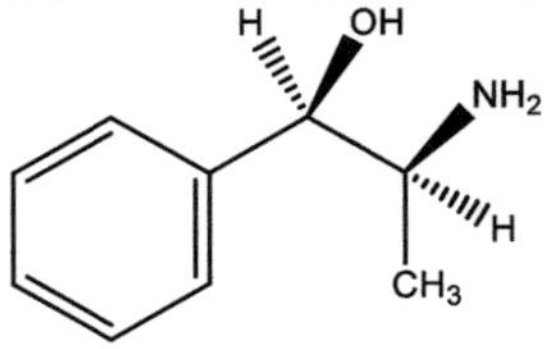 **1R, 2S(-) Norephedrine**
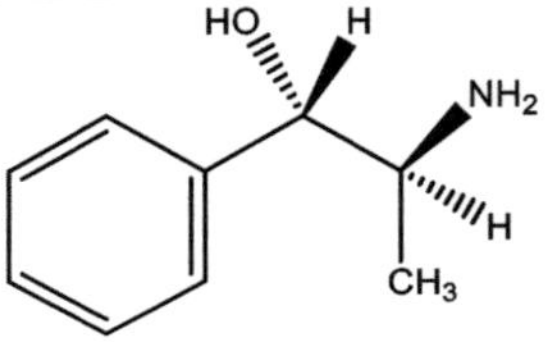 **1S, 2S(+) Norpseudoephedrine**	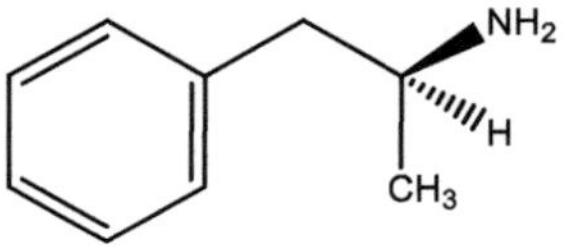 **S-(+)- Amphetamine**
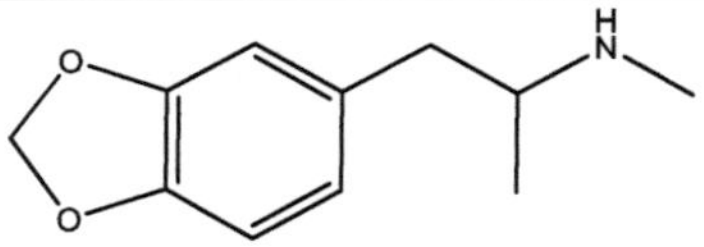 **Ecstasy, MDMA**	

Apêndice 4: Alcalóides do khat.

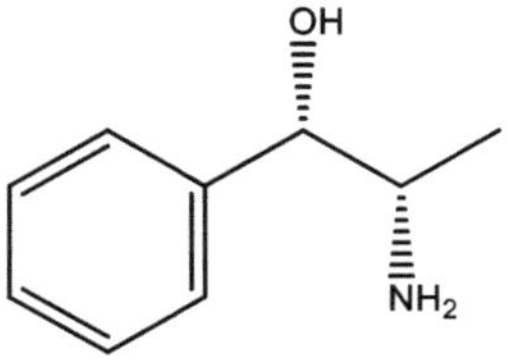 OH NH2 **Cathine**	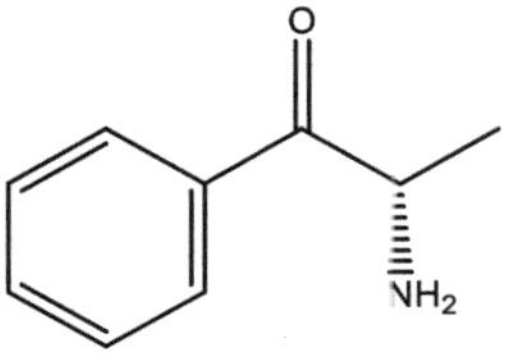 O NH2 **Cathinone**
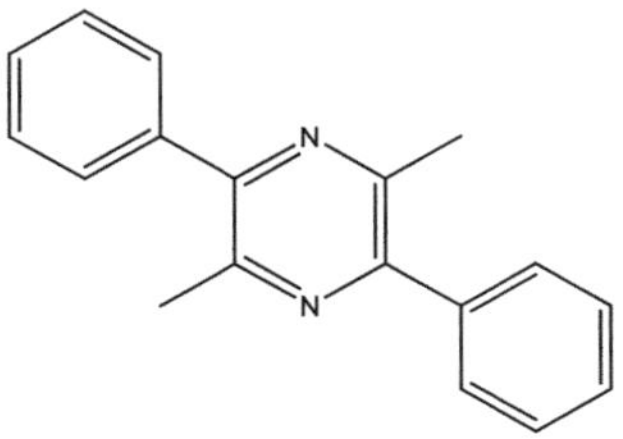 N N **2,5-Dimethyl-3,6-diphenylpyrazine**	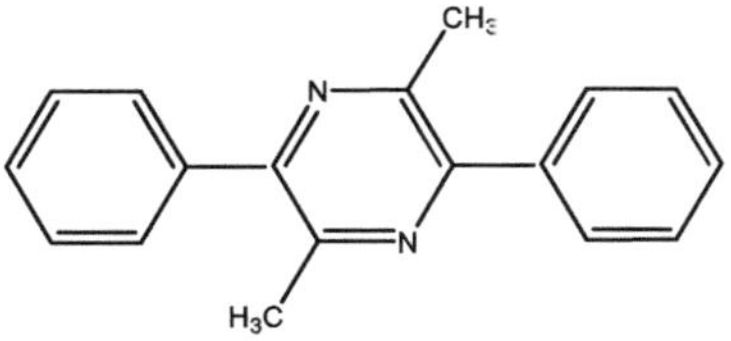 CH3 N N H3C **Dimère de cathinone**
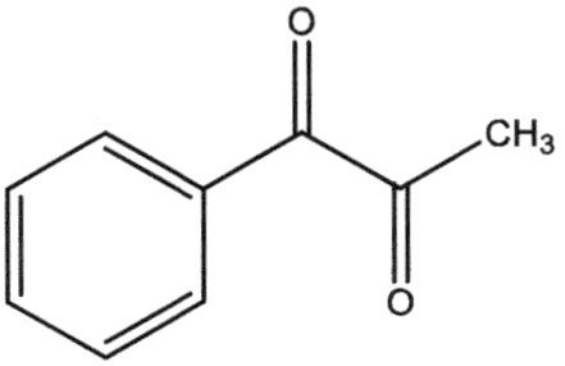 O CH3 O **1-phenylpropane-1,2-dione**	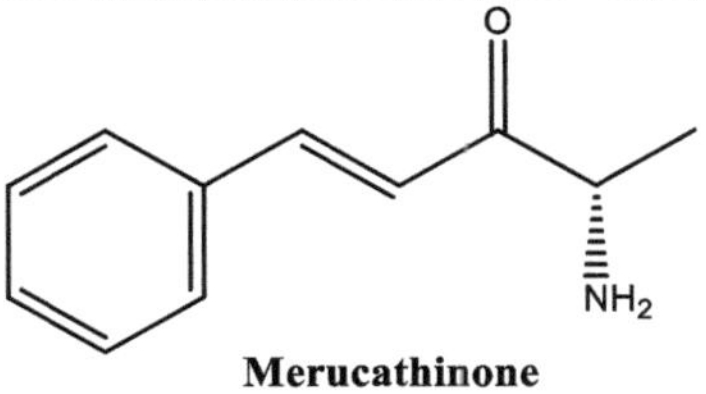 O NH2 **Merucathinone**
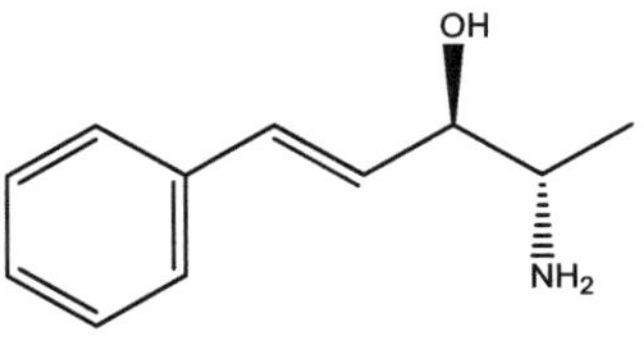 OH NH2 **Merucathine**	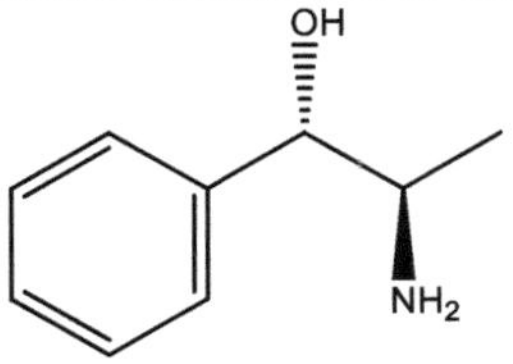 OH NH2 **Noréphédrine**

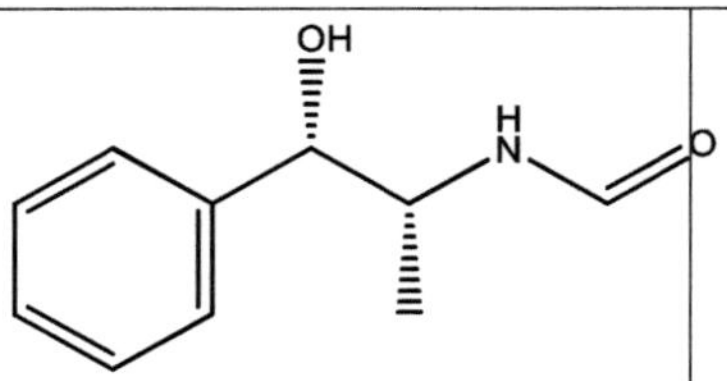 N-formylnoréphédrine	

Apêndice 5: As catedulinas do khat.

Catedulinas de baixo peso molecular :

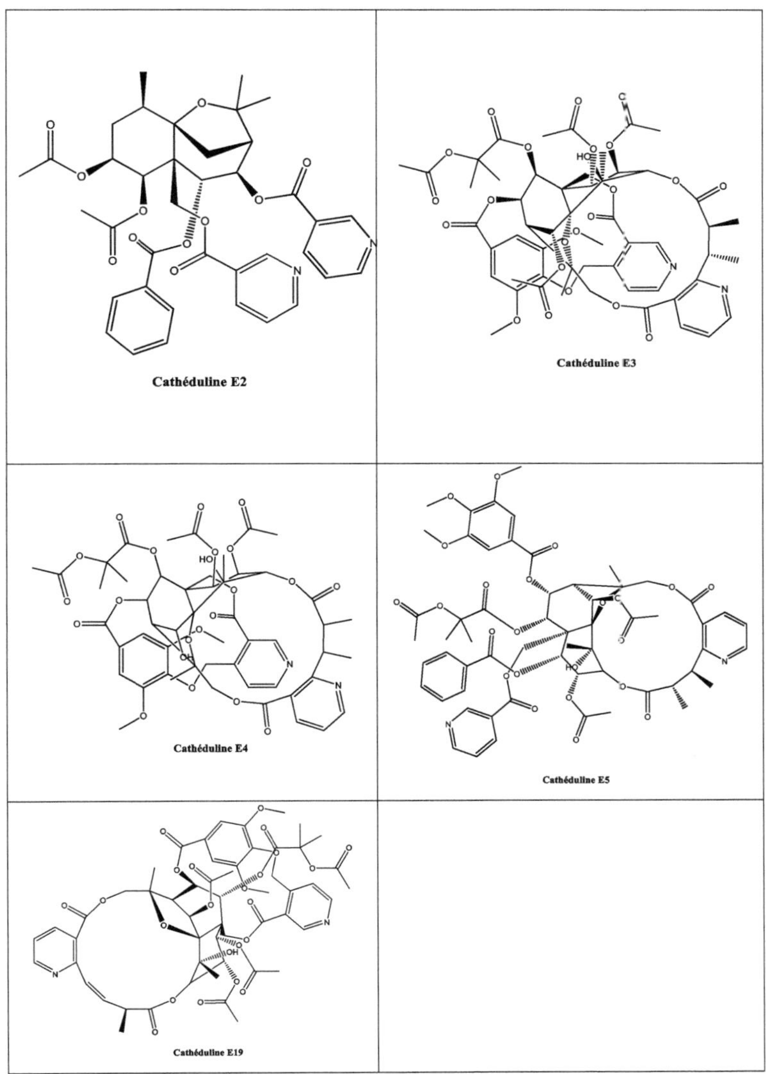

Catedulinas de peso molecular médio :

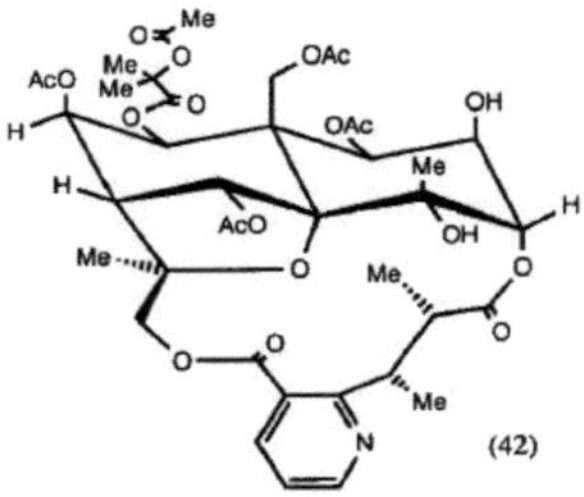 (42)	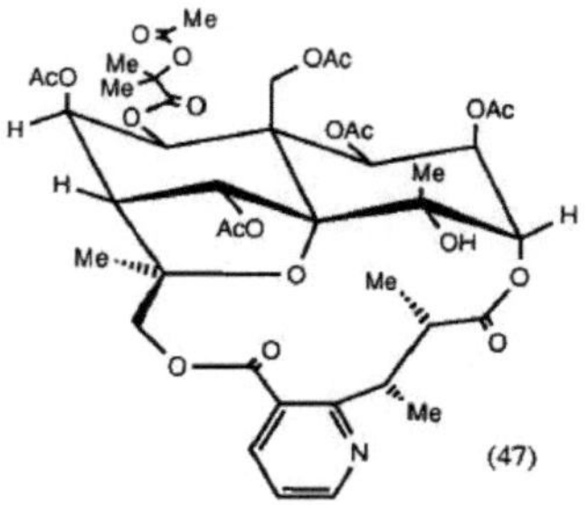 (47)
Catedulina K2	Catedulina K6
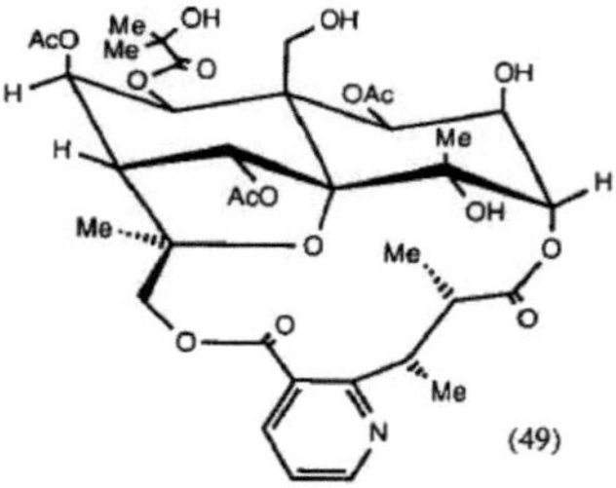 (49)	
Catedulina K15	

Catedulinas de elevado peso molecular :

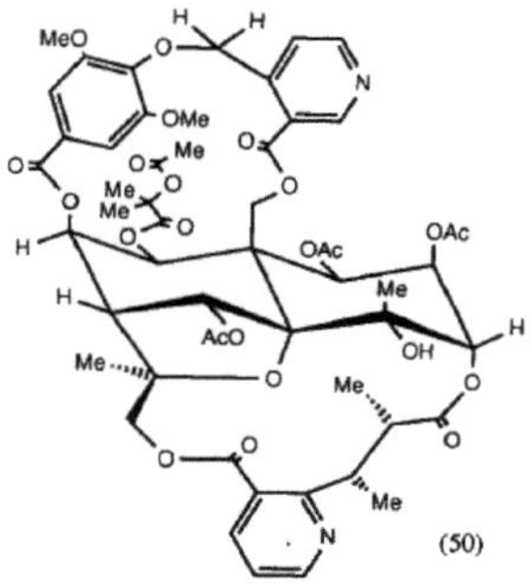 (50)	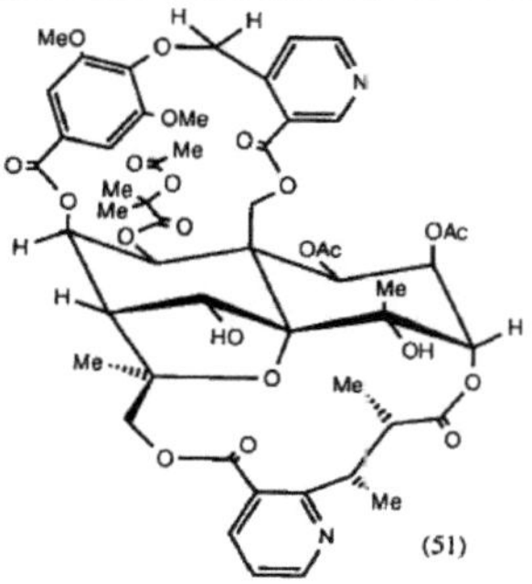 (51)
Catedulina E3	Catedulina E4
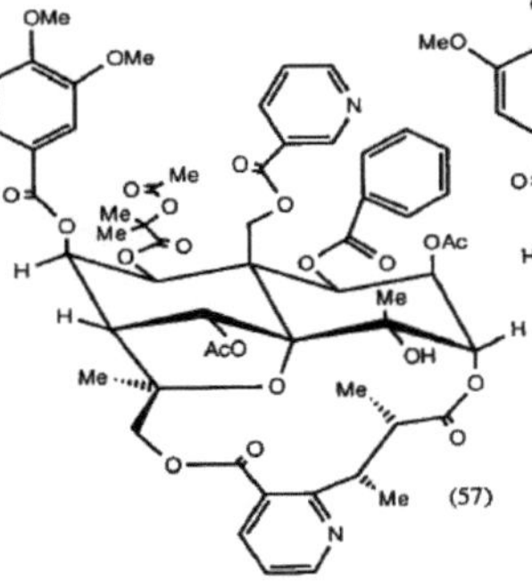 (57) 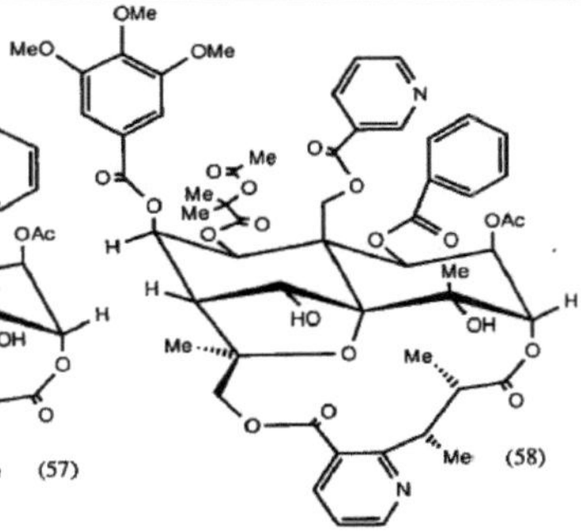	(58)
Catedulina E5	Catedulina E6
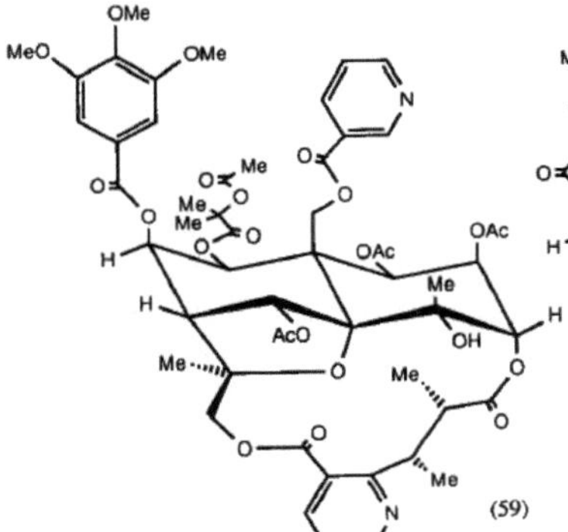 (59) 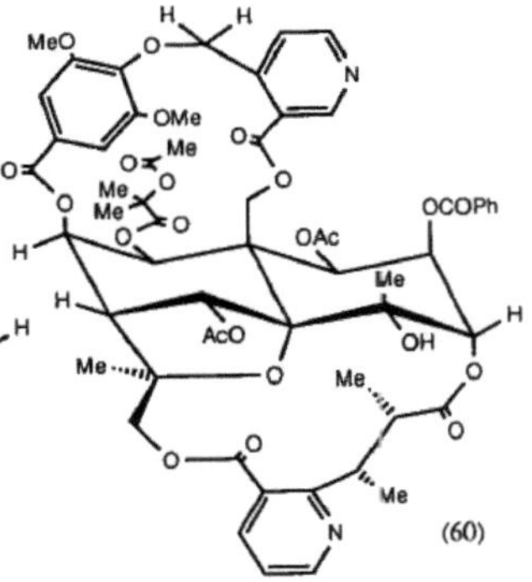	(60)
Catedulina k12	Catedulina k20

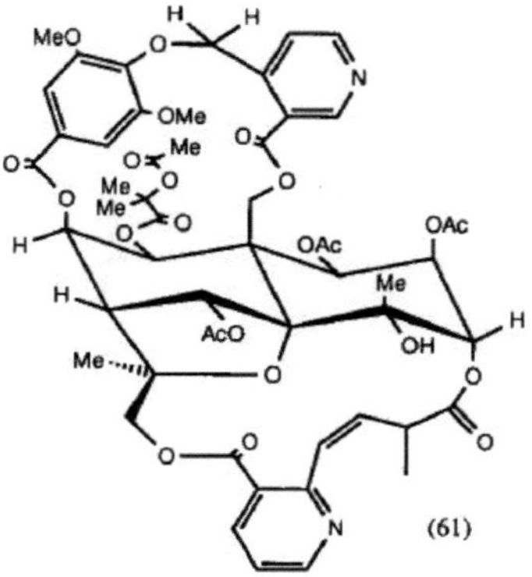 (61)	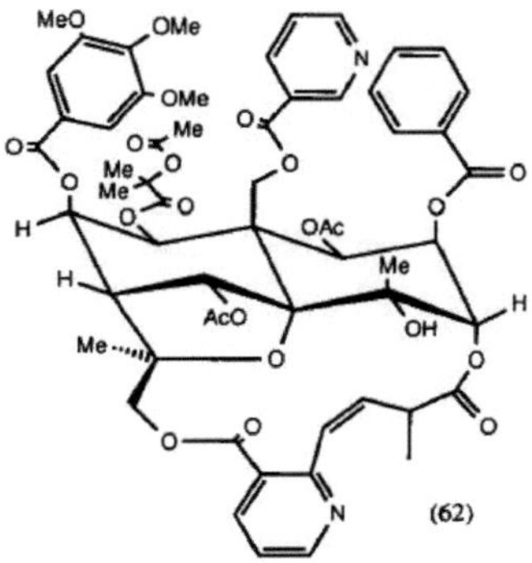 (62)
Catedulina k19	Catedulina k17

Apêndice 6: Triterpenos quinonas.

(64) R = H
(65) R = Me

(66)

(67) R = H
(68) R = OH

64. Celastrol 65. Pristimerina 66. Iguesterina 67. Tingenina A 68. Tingenina B

Printed by Books on Demand GmbH, Norderstedt / Germany